猫のいる暮らし、
猫のいる部屋

はじめに

ときにわがままで、甘えん坊で、
いたずらっ子で、自由気ままで。
気持ちを話すことのできない猫と暮らすには、
愛情はもちろん、
想像力も、知恵や工夫も、大切です。

せっかく飾った植物を倒されても、
大事なソファをボロボロにされても、
食器を割られ、雑貨を壊され、
部屋中をティッシュペーパーだらけにされても、
猫との暮らしは、楽しいから。
それ以上の幸せを、猫たちがくれるから。
だから、人間も猫も、みんなが一緒に
気持ちよく暮らす工夫が生まれるのです。

言葉が話せないからこそ、
思いやって考えなければなりません。
悩みながら、試しながら、
あれこれ整えてきたお宅を訪ねました。
猫のための快適さをいつも考えながら、
インテリアもしっかり楽しんでいる
飼い主さんたちです。

これから猫を迎えたい人にも、
今、愛猫と一緒にいる人にも
役立つ情報や、共感できる思いがあるでしょう。
猫との暮らしがより楽しく、快適になるための
ヒントをぜひ見つけてください。

もくじ

1章 ものを減らして、とにかく、すっきりと

2章 好きなものはあきらめず、自然に楽しく暮らす

3章 リノベーションやDIYで、猫が喜ぶ部屋づくり

コラム

1

ものを減らして、とにかく、すっきりと

壊されたり倒されたりしているうちに、
少しずつものが減ってきたというお宅です。
ものが減ると、怒らなくても済むうえに、
掃除も片づけも楽になる。
猫にも人間にもいいことばかりです。
すっきりと気持ちのいい空間で、
今日もみんなのびのびと暮らしています。

01

松島さんと「むった」・「さんた」

リビングの棚でくつろぐ2匹。右がむったで左がさんた。
今いる高さ以上には上ったりいたずらしたりできないので、小さな花瓶やガラスなど、壊れやすいものは上段に飾っています。

高い場所に上るのが好きなので、キッチンの上の棚はあえて空けておくようにしています。

Profile

松島環さん　@mattam_interior

石川県金沢市在住。一級建築士。自身が設計した一軒家で、夫と二人暮らし。建築家として自身の事務所「ICHIMIRI」を営み、住宅や店舗の設計、リノベーション、家具やサインのデザインなどを手がけている。

Data

- 84㎡／2LDK
- 一戸建て

金沢の市街地に建つ瀟洒な一軒家。建築家の松島さんが自身の家を設計した当初、猫と一緒に暮らす予定はなかったと言います。「でも、今思えば、なんとなく夫に誘導されていたのかなと思います(笑)。土間があるといいね、なんてさりげなく言われていたのですが、考えてみると猫のためだったのかもしれないですね」と笑います。

　玄関のドアを開けると、リビングに続く土間があり、そこは今、猫のごはんや爪とぎ、トイレを置くスペースになっています。その上は吹き抜けになっていて、2階へ続く階段が。見上げれば気持ちよさそうに寝転ぶさんたがいます。足元には人懐っこそうに擦り寄ってくれるむったが。「最初にうちに来たのは、むった。夫が見つけて、千葉まで引き取りに行ったんです」。それまで猫と暮らしたことのなかった松島さんですが、ひと目見て、あまりのかわいさに一緒に生活することを決めたと振り返ります。

　当時は、夫婦ともに事務所に勤めに出ていたため、むったは留守番する時間が長い日もあったそう。「帰ると黒い子がポツンと待っているんです。寂しそうだし、遊び相手がいたほうがいいだろうということで2カ月後にさんたを引き取ることにしました」。さんたが来た当初は警戒していたむったですが、少し

A.低いフォールディングチェアは2匹用に置いているもの。「拭き掃除も楽なので、取り入れてみたら気に入ったみたいです」B.1階で打ち合わせをしていることも多いという松島さん。「お客さんの気配があると、さんたは柵から顔を出して様子を窺っています」

C.玄関には脱走防止の柵を。「飛び越えられるんですが、柵があるだけでちょっと躊躇するので」D.「毛の掃除は、いつも二刀流（笑）」と実践してくれる松島さん。

ずつ慣れていくことができて、今ではすっかり仲良し。2匹とも、とにかく動くことが大好きなタイプです。

「ジャンプ力がすごくて、どこでも上ってしまうのには驚きました。はじめのころは棚の上の雑貨や花瓶はほとんど倒されてしまって、どこなら上れるのか、どういうものならいたずらしないのか、観察するようにしたんです」。リビングの一面にある棚は、2段目までなら上れることがわかりました。壊されたくない大切なものは、上段へ避難。その代わり、キッチン側の上段は空けておき、テーブルから上ってもいい場所として、2匹に譲ることに。「下に置くのは、落とされても壊れない木製のものを。あとは、かごがあるとそちらに気が向くので、あえて低い場所に置いて犠牲になってもらっています」

また、雑貨以外に植物にも気を配るようになったと言います。「むったがとにかく植物にいたずらしてしまうんです。大きなものは大丈夫なんですが、小さな鉢植えや花はすぐ狙われるので諦めました。吊すタイプのものか、スワッグで壁掛けにして楽しむようにしています」。見回すと大きな鉢植え以外に、土間の上に吊したグリーンが気持ちよさそうに揺れています。

A. むったはかごを見つけると、中に入ってみたり、爪をといだり。**B.** 棚にあるスツールでゆったりくつろぐさんた。**C.** 1階の中央に収納棚を配置し、それを囲むようにキッチンやダイニング、リビングがあるというつくり。玄関からキッチンにかけては土間が続きます。「家事の動線を考えて設計したのですが、猫にとっても回遊できるのは楽しいみたいです」

2匹とも長毛のタイプですが、松島さんのお宅はとても清潔感があり、掃除が行き届いている印象です。「毛は無限に湧いてくるものだと思っています(笑)。掃除機をこまめにかけるのはもちろん、ソファやラグは『パクパクローラー』で大体の毛を取ってから、粘着シートのコロコロで仕上げるようにしています」。ラグのないほうが掃除が楽だとわかっていても、2匹が気持ちよさそうにくつろいでいる姿を見ると、やめられないのだそう。ニオイが気になるトイレも、付き合いのある家具屋に頼んでオリジナルのカバーを作ってもらいました。できるだけのことをやりながら、2匹が心地よくいられる空間を作っていることが伝わってきます。

今では「猫との生活は、いいことしかないです」と、松島さんはきっぱり言い切ります。独立して家での仕事の時間が増え、2匹と接する時間が多くなってなおさらそう思うようになったそう。「ただいてくれるだけで気持ちが助かってるな、と。朝起きてすぐにかわいいなって思うし、1日に100回はかわいいって言ってるかもしれない。親バカですね」と恥ずかしそうに笑います。おだやかに棚や階段でくつろぐ2匹の姿を見れば、その気持ちも、なるほど納得です。

階段にいることが好きなさんた。窓からの明かりが気持ちよく、窓辺に座って外を眺めることもあるそう。
右下は、2匹がいたずらしないよう、グリーンを吊す場所に。この下に2匹のトイレやごはんのスペースが。

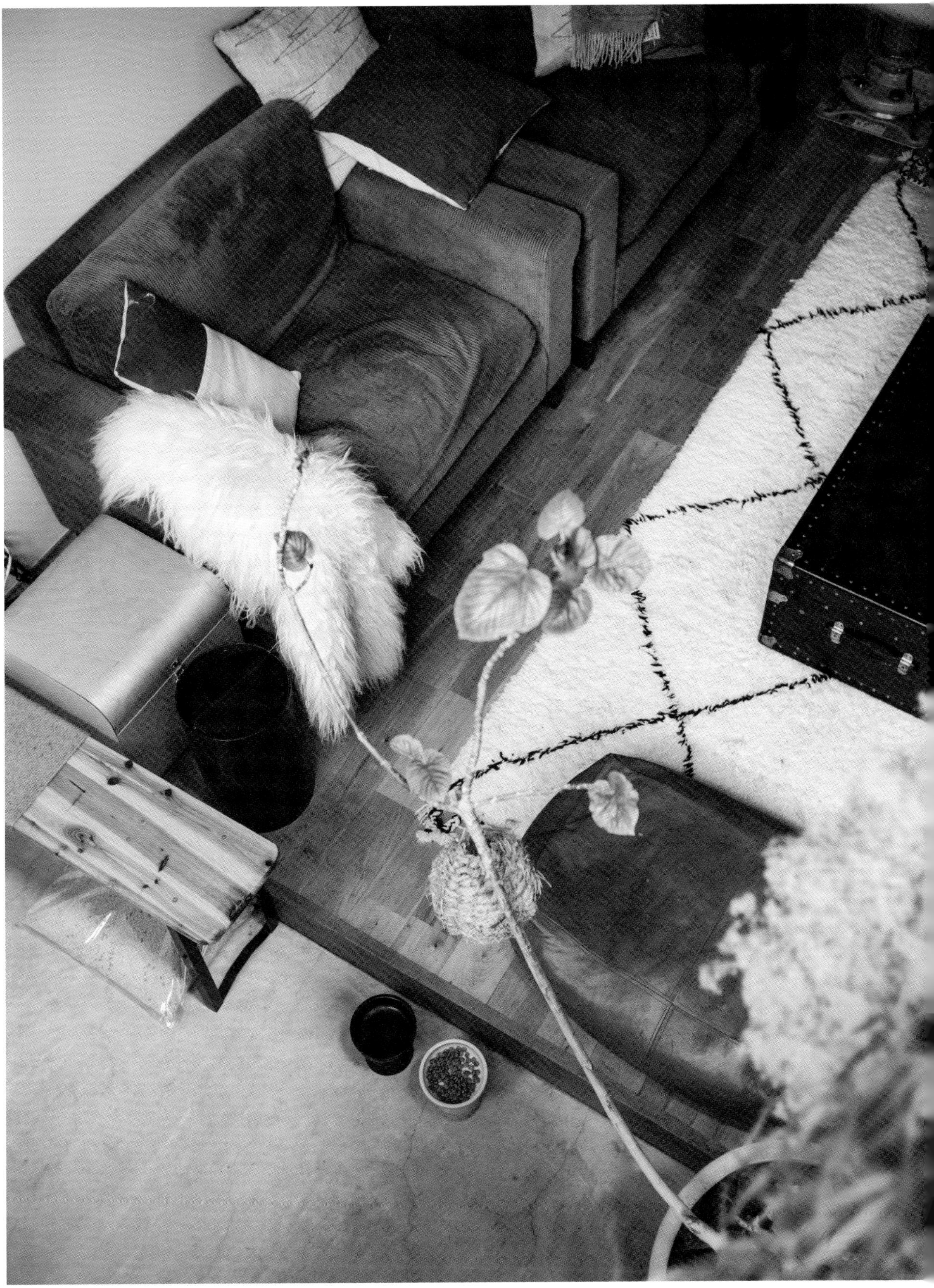

リビングはラグを敷いて2匹がくつろげるような空間に。ソファの横のボックスは、猫砂やごはんを収納。
すぐに使えて便利です。「ごみ箱もいたずらしてしまうので、蓋つきのものを使うようにしています」

食べる

ごはんは食べやすい高さの「Classy Bowl」を2つ置き、カリカリとウェットで使い分けています。このほかに、留守にする時には「RINN」の自動給餌器を使うこともあるそう。水は、水道に近いキッチンに。フィルターで食べかすや抜け毛を取り除く「ピュアクリスタル セラミクス」を使用。

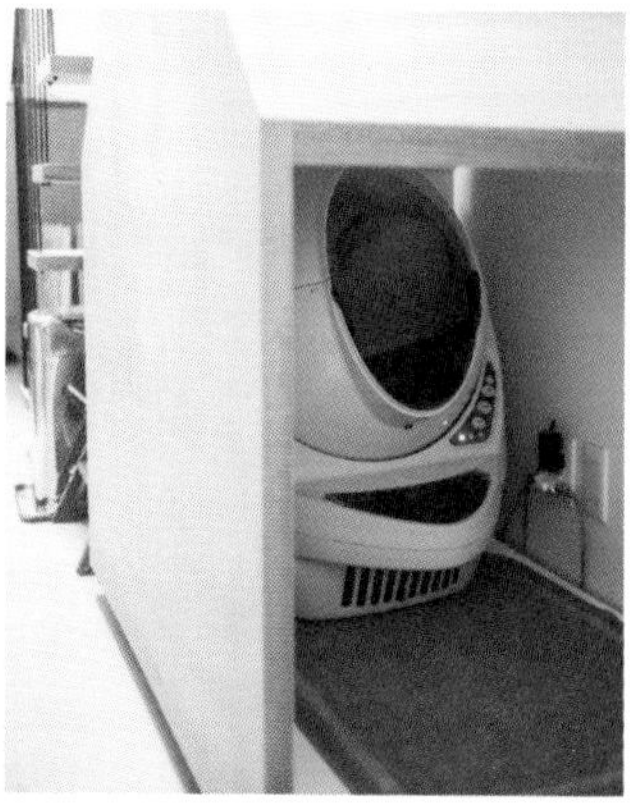

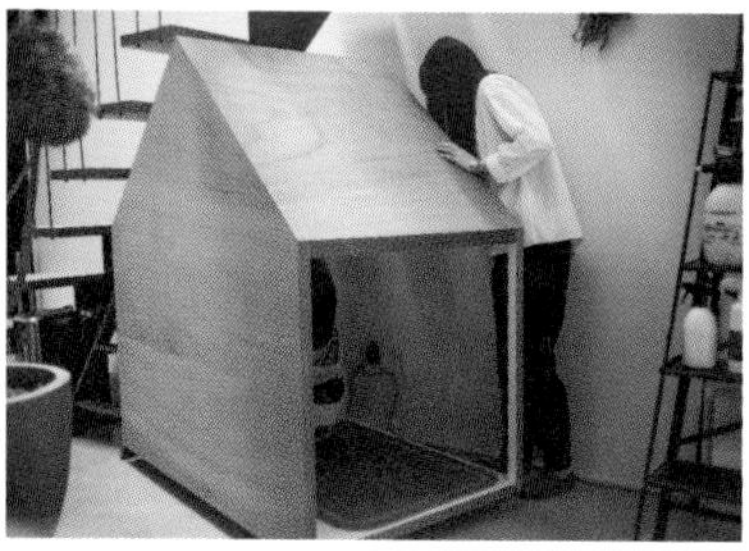

トイレ

階段下に家具屋に作ってもらった小屋型の家具を設置し、その中にトイレを。掃除の際に動かしやすいよう、キャスター付きです。トイレは「キャットロボットオープンエアー」。近くに脱臭器も置いています。

2匹で遊ぶことが多いので、おもちゃは最小限に。シンプルなデザインのものを選んでいます。「出しっぱなしにすると飽きてしまうので、ふだんはテレビの上の棚に隠しておくようにしています」

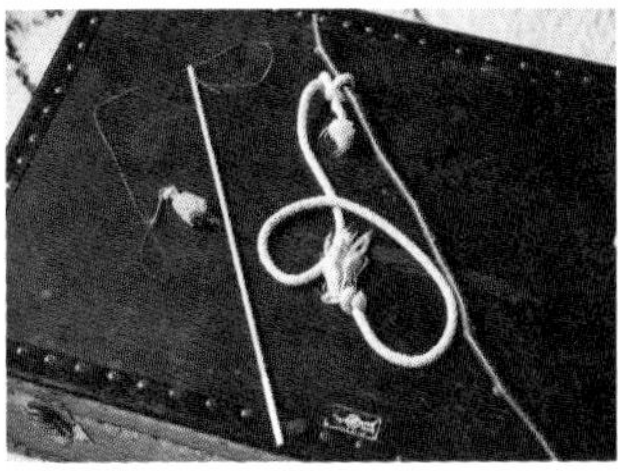

過ごす

爪とぎは土間の一角に、床置きや壁づけのものを。「最近、夫がベンチに麻縄を巻いてみたら、気に入って使っている様子です」

寝る

2匹がくつろいで寝る場所は、ソファやラグ、棚の上、猫ちぐらやソファの横にあるキャリーケースも。「季節によってお気に入りの場所が変わります。キャリーケースは『Petmate』のスカイケンネルを選びました。インテリア的に置きっぱなしでもいいデザインなので、おすすめです」

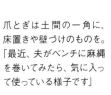

02

井上さんと「どんこ」

最近お気に入りのベッドでくつろぐどんこ。スター猫らしく、しっかりカメラを見てくれます。
棚の最上段は、どんこが上れなくなったので、数年ぶりに花を飾るようになったそう。

A

A. もともと人懐っこい性格なうえ、撮影や取材でさらに人に慣れているどんこは、撫でられるのが大好き。**B.** 右ページのベッドのほか、ダンボール箱もお気に入りで、よく入って寝ているそう。「どんこの様子を見て、気に入ったんだなと思う箱は取っておくようにしています。最近はこの箱が好きで、ベッドか箱か、どちらかに入っていることが多いですね」。

B

Profile

井上佐由紀さん　@sayukiinoue

写真家。マネージャーをつとめる外山輝信さんと二人暮らし。福岡県出身。九州産業大学芸術学部卒業。写真スタジオやアシスタントを経て独立し、現在は広告や雑誌、CD ジャケットなど幅広い分野で活躍している。

Data

55㎡／2LDK

分譲マンション

なんとも愛くるしい表情のどんこ。雑誌の表紙を飾ったり、写真集が販売されたりと、その姿を目にした人は多いかもしれません。どんこが井上さんのお宅に来たのは、10年ほど前のこと。「保護猫サイトを見ていて、この子がいい！と。子猫を見ていたはずが、どんこから目が離せなくなったんです」。当時、どんこは推定3歳。すでに人懐っこい性格だったと井上さんは振り返ります。

そのころ、井上さんとパートナーの外山さんは中古のマンションを購入し、リノベーションをすることにしていました。猫と暮らすために取り入れたことはあったのでしょうか？

「猫を飼いたいという気持ちはあったので、ペット可の物件を探したことくらいです。キャットウォークを作ろうとか、そういうことはいっさい考えませんでした」と、外山さん。床も壁もモルタルで仕上げ、すっきりとモダンな内装に。家具に関しても、特に対策をすることなく、木製のテーブルや革製のソファなど自分たちの好みのものを揃えていったそう。かくして、できあがった部屋にどんこを迎え入れ、二人と1匹の生活が始まりました。「どんこは特に家具で爪をとぐということはなかったので、安心でした。ただ、棚の上には上るので、ガラスのものを割ったり、飾っていた雑貨を壊したりもしていましたね」。

A.D. リビングは低反発シートの上にキリムなどを何枚か合わせて敷いています。「あたりが柔らかくなったせいか、以前よりもよく動くようになったと思います」。ごろんと寝るのも、毛づくろいをするのも、気持ちよさそう。**B.** ごはんを食べる前には筋力が衰えないよう散歩を。廊下を5往復したらごはんを食べられる「どん散歩」をしています。**C.** キッチンで準備をしていると、横でどんこがスタンバイ。キッチンの床だけでなく、どんこが上るステップにも低反発シートを敷いています。「滑り止めにもなるので、足への負担が少しでも減るかな、と思って」**E.** テーブルの上に上るのも、どんこにとってはいい運動。ただ、高低差がありすぎると足に負担がかかるので、ダイニングチェアやソファ、爪とぎなどをまわりに置いて、ステップ代わりにしています。

そんないたずら防止のために、少しずつ飾るものが減っていきました。と同時に、井上さんも外山さんも気がついたことがあったと言います。「ものが減ると、掃除が楽だな、と(笑)」。それまでは、本や雑誌をずらりと棚に並べたり、好きなアーティストの作品を飾ったりしていたものの、どんこをきっかけに掃除のしやすさに気づき、さらにものが減ってすっきりしていったのだそう。「自分たちも年をとって、ものへの執着がなくなったというか、価値観が変わってきたのだと思います」と外山さんは話します。

二人が変化してきたように、どんこ自身も少しずつ変わってきました。10歳を迎えたころに関節炎を発症し、さらに心臓病や便秘、アレルギーなどの症状が出始めたのです。

「足腰が少し弱くなって、薬の種類も増えました。関節炎は、できるだけ後ろ足に負担をかけないようにしなければならないので、いろいろ工夫しましたね」と井上さん。

リビングから廊下、キッチンまで、床には低反発のシートを敷いてラグを重ね、あたりを柔らかく。どんこが上るダイニングチェアやキッチンの踏み台にも、同じように低反発のシートを敷いています。また、いきなり高い場所から下りないよう、椅子やソファで段差

がつくように配置を工夫。さらに、こまめに血圧や体重を確認するため、いつでも測れるようにと、ソファの横には血圧計があり、窓辺には体重計を置いたままにしています。

リノベーション時にこだわったインテリアは諦めていると外山さんは笑います。「ラグを敷いた時点で『終わった』と思いました(笑)。でも、これでいいんです。どんこの健康がいちばん」と話す外山さんに井上さんも続けます。「それまで同居人のような感覚で暮らしていましたが、どんこが気持ちよく、快適に生活できるように守っていかなければならないんだな、と思うようになりました」

変わったことがもうひとつ。棚の最上段に花を飾るようになったこと。「猫がいるおうちでは花は厳禁ですが、良くも悪くもどんこはここまで上れなくなったんです。だから、花をちょっと楽しめるようになって」と、井上さん。どんこの健康を第一に考えながら、自分たちが楽しめることも取り入れながら、インテリアが変化していることがわかります。ラグにごろんと横になるどんこは、とても気持ちよさそうに目を細めています。変化に向き合い、柔軟に対応していけばいい。お互いが気持ちよく暮らせる方法を探しながら、生活は続いていくのです。

食べる

ごはんや水は「Classy Bowl」の器を愛用。高さがあるので、食べやすいうえに、吐き戻しも軽減できます。カリカリは「ANKOMN」の真空容器に保存。「これに入れておくと味が落ちないのか、最後まで飽きずに食べてくれるんです」

寝る

最近購入した「pet design」の「catmock」がどんこのお気に入り。ハンモックタイプのベッドで、なんとも気持ちよさそうにしています。さらに、空き箱も好きなので、行ったり来たり。

過ごす

心臓病もあるため、激しい動きをしてはいけないどんこ。小さなボールをちょんちょんっと蹴って遊ぶくらいがちょうどいいそう。

関節に負担をかけないよう、レザーのソファやオットマンで段差を。下はドア横の爪とぎ。井上さんが仕事部屋にいて寂しくなると、合図をするそう。

トイレ

トイレはリビングとキッチンの２カ所に。カバー付きのものなどいろいろ試しましたが、今はどんこが出入りしやすい高さを重視。

03

宮嵜さんと「フーシャオ」・「ホアリン」

A. 右がホアリンで左がフーシャオ。「中国語から響きのいい言葉を選んで名づけました。フーシャオは夜明けという意味で、ホアリンは香りの名前です」 **B.** 遊び疲れてちょっと休憩のホアリン。「こういうホアリンが気を緩めているスキに、フーシャオが甘えてくるという感じです」

基本的に主張の強いのがホアリンで、フーシャオは我慢しているタイプだそう。ホアリンのこの姿、甘え上手な感じが伝わってきます。

Profile

宮嵜夕霞さん　@yukam.stylist

ビジュアルディレクター、フード・プロップスタイリスト。料理家、スタイリストのアシスタントを経て2012年に独立。料理のスタイリングやプロップ（器や撮影小物）のスタイリングを中心に広告や書籍、雑誌などで幅広く活躍中。

Data

64㎡／2LDK
賃貸マンション

じゃれ合い、走り回り、賑やかにあちこちを動く小さな2匹。この姉妹猫が宮嵜さんの家へ来たのは半年ほど前のこと。実家でも猫を飼っていて、一人暮らしの家でもいつか猫を、と思っていたころに出会ったと振り返ります。「保護されていた猫だったんです。一人暮らしなので、飼うなら2匹の方が寂しくないだろうと思っていたし、白黒の猫がいいなとも思っていたので、運命を感じて引き取ることにしたんです」。連れてきた当初は、手のひらに乗るほど小さく、慣れない環境に怖がって怯えていました。キャリーケースが揺れるくらい震えていたと言います。

「部屋に出してからはソファの下に隠れたままでした。慣れるまで待つしかないと思って、無理やり構ったりせずにそっとしておくことに」。もともと好奇心旺盛な子猫だったせいか、2日ほどで出てきて、あっという間に甘えるようになったそう。フーシャオ、ホアリンと名づけ、一緒に過ごす時間が増えていきました。

それまで実家で猫を飼ったことはあったものの、一人で子猫の面倒を見るのは初めてのこと。「自分一人に2匹の命がかかってるのかと思ったら心細くなりました。最初は2匹とも交代でお腹を壊していたので、どう対応したらいいのか、心配なことばかりだったんで

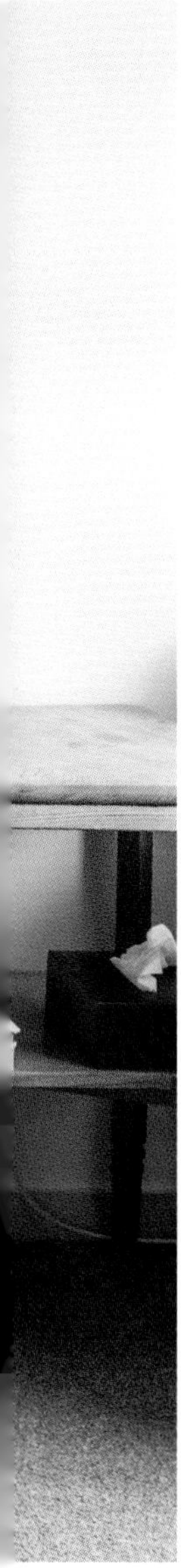

A.自分たちの抜け毛を丸めたものが大好きな2匹。「おもちゃでもよく遊びますが、こういうなんでもないものにも興味津々です」B.食器棚の上にも難なく上れる身軽な子猫。かごや蒸籠の中に入って寝ていることも。

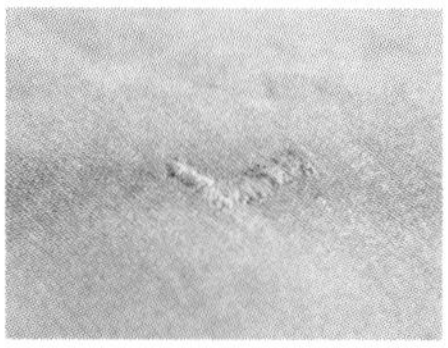

上はソファの繕い跡。「フーシャオと私の刺繍のコラボと思い込むようにしています(笑)」。下は、お掃除ロボットにも動じないフーシャオ。

す」。ごはんを変えて様子を見たり、近所で相性のいい病院を探したりするうちに、少しずつ2匹の体調は安定していきました。接するうちに性格の違いもわかるように。「フーシャオの方がおとなしいかな。ホアリンは活発ですかさず膝にのってきます。でも、意外と2匹ともそんなにいたずらはしないですね。棚に上ったりもしますが、ものを落とされたりしたことはありません」。スタイリストという仕事柄、棚には食器がたくさん並んでいますが、2匹ともいたずらすることはないのだそう。「ごくまれに、棚に上った衝撃なのか、足がぶつかってしまったのかで、器同士が当たって欠けてしまうことはあります。でも、わざとやったことではないので、それは仕方ないなと思って。ゆくゆくはきちんと棚を作りたいと考えています」

2匹と暮らすなかで、インテリアが変化したことはあるのでしょうか?「それまで簡易的なテーブルを使っていたのですが、不安定で危なかったので、2匹がくる前に買い替えました。あとは、爪とぎやおもちゃが少しずつ増えてきたという感じです」。新しい爪とぎを買ったら、宮寄さんは自ら、ここでこうするんだよ、と実践して教えてきたと言います。そのおかげで家具や壁で爪をとぐこと

家具には爪を立てないようになった2匹。「ここはダメ、こっちだよと爪とぎの真似をして教えています。怒るときは『こら』という言葉で統一するようにして」。器にもいたずらはしません。

03

宮嵜さんと「フーシャオ」・「ホアリン」

はないのだそう。「トイレも、ここだよって砂をかいて教えました。伝わっているのかわからないけど(笑)、他ですることはないので大丈夫かな」

とはいえ、まだ8カ月の子猫。食べ物には興味津々なので、食べてはいけないものに関しては、出しっぱなしにしないように注意していると言います。「基本的にキッチンにも自由に出入りしているので、口にしないように扉付きの棚にしまっています」。テーブルの上に並ぶ食器には手を出さないものの、コップの中の水は飲もうとする2匹を見ていると、なるほどとわかります。

「そうそう、そういえば、これ」と見せてくれたのは、ソファの座面。小さくかぎ型に繕った跡があります。「爪が引っかかってしまったんです。私がおもちゃで激しく遊ばせるせいで、破けてしまって。この前やっと縫ったんですよ」と笑います。ソファも器も、直せばいい。そのおおらかな心持ちが2匹に安心感を与えているであろうことがわかります。のびのびと遊びまわり、疲れては目をつぶり、また走りまわる姿を見て「これからどう変わっていくんでしょうね」と宮嵜さん。この先の変化もまたおおらかに受け止め、楽しんでいくに違いありません。

食べる

ごはんは、もともと持っていた器のなかから、猫が食べやすそうな高さのものを選んで使っているそう。水はアンティークのスープボウルに入れて。まだ時々お腹がゆるくなることがあるので、いろいろなメーカーのカリカリを試しているところだそう。

トイレ

トイレは2種類用意。「どんな形が使いやすいのか見てみたくて、2つ用意しました。猫砂が飛び散らなくて、掃除しやすく、丸洗いできるものを選んでいます」。近くにウエットティッシュとゴミ箱も常備。

実家で猫を飼っていたことがあるので、爪を切るのも慣れているそう。グルーミングは「ペキュート」のブラシを愛用。

過ごす

03

宮嵜さんと「フーシャオ」・「ホアリン」

基本的におもちゃはキッチンの猫ボックスにまとめて収納。「飽きないように、遊び終わったら毎回しまっています。だいたい、2匹で追いかけっこして遊んでいることが多いのですが、日中は仕事で家をあけているので、そのぶん夜や休みの日はできるだけ遊ぶようにしています」。爪とぎは2種類で、他では爪をとがないように教えているのだそう。

ダイニングの隅にキャリーケースを置き、病院やいざという時のために2匹が慣れるようにしているそう。「猫ちぐらはまだ入ってくれなくて、もっぱら遊び道具になっています」

04

宮内さんと「ミル」・「モモ」

ダイニングテーブルでくつろぐモモ。桃のような色をしていたことから名付けられたそう。
奥のキッチンは出入りできないようアンティークのドアを活用してDIYしたもの。

床に敷いたラグで寝るミルは、ミルクティー色をしていたことからの名前だそう。

Profile

宮内真琴さん　@miru__momo

主婦。夫と娘二人の4人暮らし。17年前に一軒家を新築し、その後猫を迎え入れることに。雑貨やアンティークなどが好きで、DIY もお手のもの。

Data

85㎡／ 3LDK

一戸建て

6年前、ご主人と二人の娘さんと暮らす宮内さんのお宅に、2匹の猫がやって来ました。

「夫が猫好きで。娘たちも飼いたいと言い出したので、里親サイトで見つけた子たちを迎えることにしたんです」

それまでは、宮内さん自身、雑貨やグリーンを飾ることが好きで、インテリアを楽しんでいました。しかし猫を迎えるに当たって、それらは我慢することに。「ひとまず雑貨はしまい、花は飾らないようにしてすっきりした家にしてみました」

実際に2匹を迎えてから、どこなら手が届かないのか、どうすればいたずらしないのかを見極めていったのだそう。「植物は吊したり壁掛けにしたりすれば大丈夫。雑貨も、上れない場所がわかったのでそこに飾るようにして。でも、基本的にはものは減ったと思います。家族も猫たちが誤飲しないようにと出しっぱなしにしなくなったので、片づけがすごく楽になったのでありがたいです。掃除もしやすくなって、かえって良かったのかもしれません」と笑います。

ミルとモモと暮らし始めてからのいちばんの悩みは、爪とぎでした。ソファの座面や壁で爪をとごうとしてしまうのです。「特にミルの方は、布が好きで噛みぐせがあったんですよね。気がつくと家族の誰かしらの靴下を

A. 宮内さんがいるときはキッチンへ入っても良しとされている2匹。特にミルはお湯を沸くのを見るのが好きで、音がするとスツールに上って監視するのだそう。**B.** 玄関には脱出防止の柵が。なんとこれは宮内さんの手作り。「圧迫感がないように細い木材を組み合わせて、クリーム色でペイントしました」。玄関を囲うだけでなく、階段下の柵にもできるので、臨機応変に使えます。**C.** のんびりゆったりして、人懐っこい性格のモモ。大きなあくびをひとつ。

噛んだり、カーテンにいたずらしたりしていました」。そこで取り入れたのが、古いキリムのクッションとラグ。猫専用として置いてみたら、そこで嬉しそうに爪をとぎ始め、顔をこすりつけて居心地よさそうにしたと言います。「インテリアとしてもポイントになるので、よかったです」

また、かごやざるなども爪とぎとして狙われていたこともありました。手が届かないようにとキッチンの上部に突っ張り棒を設置して、引っ掛けることに。「棚に重ねて置くよりも、通気性がよくなって乾きが早いんですよね。この収納法にして良かったなと思います」と見上げます。

他にも娘さんたちにとっても影響があったと振り返ります。長女がトイレ掃除、次女が夜ごはんを用意すると、分担しているのだそう。「娘たちには責任感が出た気がします。留守番も猫がいれば寂しくないと引き受けてくれるようになりました。自分たちが面倒を見なければならない存在がいることは、とてもいいことなんでしょうね」。宮内さん自身も2匹がいることで、気持ちがおおらかになった気がすると話します。「家族から声が変わったって言われるんですよ、優しくなったって。そんなにピリピリしてたかなと思うんですけ

04

宮内さんと「ミル」・「モモ」

A.仲良くじゃれ合う時もあれば、ほどほどに距離を保って好きにくつろぐこともある2匹。基本的にミルが世話好きで、モモの毛づくろいをしてあげることが多いそう。**B.**朝、家族の誰かが出かける時には、必ず窓からお見送りをする2匹。窓辺のベッドは外を眺めるにも昼寝するにも役立っています。**C.**キッチンの上部にかけたかごやざる。「軽いので遊び道具として狙われてしまっていましたが、こうすれば安心なんです」

ど(笑)。ミルとモモに接していると本当に癒されるからその影響なんでしょうね」

　好きな雑貨を我慢したぶん、手に入れた『良かったこと』がたくさんあることがわかります。器やトイレなどには、猫専用のものを取り入れていますが、おもちゃやごはんの収納や、水はね防止のガラス板などには、古道具やアンティークのものを活用。「専用じゃなくても使えるものを見つけてあれこれ考えるのが楽しいんです。ただ、古いものばかりになってしまわないように、バランスを考えています」と、インテリアも楽しんでいることがうかがえます。

　宮内家に来た時には1カ月半と2カ月だったミルとモモは、今では6歳。すっかり落ち着いて、いたずらすることもなくのんびりと好きなように過ごしています。「3歳を過ぎたころから、落ち着いた感じがします。それまでは走り回って毎日運動会でしたが、今はゆったりしてますね。モモはふっくらしてきちゃったので、どうにか動いてもらいたいんですけど(笑)」と2匹を愛おしそうになでる宮内さん。模様替えすることが多いと言いますが、家族も2匹も心地よくいられるように考えてのこと。母として、飼い主として、家を整えることを楽しんでいるからこそです。

食べる

ごはんや水は、高さのある「Classy Bowl」の器や、古道具を台にして器を乗せたものを。水には、水道水をまろやかにするというテラヘルツが練りこまれたプレートを入れて。カリカリや乾燥ササミはそれぞれ残量がわかるように瓶に詰め替えてキッチンに置いています。

トイレ

トイレは洗いやすいよう、シリコン製のバケツに木製の蓋を付けたものを使用。爪とぎとまとめてリビングの一角に猫コーナーを作っています。かごやアンティークの缶には掃除に使うシートや猫砂などを隠して収納。

外を眺めるのが好きな２匹のために、窓辺には、階段状のキャットウォークやハンモック、ベッドを置いています。そのほかに、かごやラタン製のキャリーケースなども日常使いして、ベッド代わりに。

過ごす

フェルトボールやぬいぐるみ、猫じゃらしなどは蓋付きのかごにまとめて入れています。「出しっぱなしにすると飽きてしまうので、隠すようにしています」。グルーミングには「レデッカー」や「ファーミネーター」のブラシや猫の舌のようなあたりの「ねこじゃすり」を使っています。

05

akinaさんと「チャビ」・「モチャ」

おもちゃとおやつでなんとか姿を見せてくれたモチャ。
メゾネットタイプのマンションで上階があるので、階段が2匹にとってキャットステップのような遊び場に。

３年前にリノベーションしたマンション。白とモルタルのグレーを基調にした内装に、木製の家具を合わせています。左にある白い棚はもともとはオープンタイプでした。「食器を入れているので、猫対策のために後から扉をつけて。埃除けにもなってよかったです」

２匹のいたずら防止のために、後から置いたガラス戸付きの棚。細かいものはここに収納。

Profile

akinaさん　@chabi_to_mocha

夫と二人暮らし。服飾雑貨の会社に勤務。３年前に購入したマンションをリノベーションし、保護猫を迎え入れて暮らしている。在宅勤務の時間も少し増え、猫と触れ合える時間が多くなっている。

Data

64㎡／2LDK
分譲マンション

いつか猫と一緒に暮らしたいと考えていたakinaさん夫婦は、ペット可の物件を購入し、リノベーション。保護猫のカフェで出会った兄妹猫を迎えることになり、様子を見ながらインテリアを整えてきたと言います。チャビとモチャがやって来たのは、生後5カ月のころ。小さな身体ではあったものの、走り回り、飛び回り、その行動範囲はakinaさんの想像を超えていました。

「上って遊べるようにと棚板を高い位置までつけていたんですが、棚以外の場所まで手が届くことがわかって。大事にしていた時計を壊されてしまったこともありました」と振り返ります。時計は作家さんに直してもらい、今も無事にakina家の壁で動いていますが、つける位置を調整し、棚板の位置も少し低めに。

「他にも、飾りたいモビールがあったのでリビングに吊してみましたが、意外とジャンプして届いてしまうんだとわかって。寝室の手の届かない位置に変えることにしました。もう少し落ち着いたらまた様子を見てみようかな」と笑います。

時折、夜でも2匹で追いかけっこが始まることがあり、下の階の迷惑にならないようにしなければと考えたそう。「夫が階段下にケージを作ってくれたので、23時を過ぎたらそこ

A

B

A. 窓辺は2匹が大好きな場所。残念ながらここまで出てきてくれませんでしたが、窓辺に座ってよく外を眺めているのだそう。カーテンだといたずらをしてしまうので、ブラインドに。左上の壁に、壊されて修理した時計がかかっています。**B.** キッチンのすぐ横が2匹のごはんの定位置。洗うまでの導線が短くて楽ちんです。

に入ってもらうようにしています」と。見れば、ぴったりはまるように設計された囲いがあります。キャスターで出し入れでき、中にはトイレもごはんもあり、小さな部屋のようなスペースです。ここにいれば夜いたずらすることもないので、お互いにゆっくり過ごせるのだそう。チャビもモチャも少しずつ成長し、遊び方や行動の範囲が変わってきたので、それに合わせてインテリアを変えていけばいいというのがakinaさん流なのです。

「夫はもともと実家で猫を飼っていましたが、私は初めてのこと。予想以上のことが起こるので、それに合わせて対応しているという感じです。キッチンも同じですね」と見せてくれます。最初はオープンの棚に器やカトラリーを収納していたものの、2匹が上れる場所にあったカトラリーを持ってきてしまったのだそう。「気がついたら、テーブルの下に木のピックが落ちてて。あれ、持ってきちゃったんだと気がついたんです」とご主人も振り返ります。そこで、細かいものを収納するためには、古道具屋で見つけてガラス扉の卓上棚を置くことで解決。また、猫用の器でも失敗があったとakinaさんは教えてくれます。「陶器を使っていたのですが、2匹が遊んでいる時に倒して欠けてしまって。そもそも、

05

akinaさんと「チャビ」・「モチャ」

A. なんとか撮れた奇跡のチャビとモチャがそろっている写真。チャビは最初プリンターの後ろに隠れてしまっていましたが、少しだけ出てきてくれました。**B.** 本当は遊ぶのが大好きなモチャ。猫じゃらし以外にも、麻縄やビニール紐などもよく追いかけ回すそう。**C.D.** 右の棚は、上部まで棚板をつけられる設計にしてありますが、今はここまでに。下段のりんご箱には、グルーミングの道具や掃除用具などをまとめて収納しています。

夫は倒れちゃうかもしれないよって言ってたんですけど、私が大丈夫かもしれないからと使ってみたんですよね」と。今は安定感のある専用の器を取り入れています。

猫との暮らしは、わからないことや予測のつかないことがあって当たり前。まずは試してやってみる。試行錯誤しながら、解決法を考えていけばいい。一緒に暮らしながら、様子を見ながら今のインテリアを整えてきたことが伝わってきます。「夫婦ともに会社勤務なので、家にいる時はできるだけスキンシップを取るようにしています。帰ったらまず挨拶して、なでて、一緒にいるように」。だからこそ、2匹がどうしたら心地いいのかがわかるのです。

さて、猫の写真が少ないと感じる人もいるかもしれません。じつは、取材日、2匹は怖がって、ほとんど姿を見せてくれませんでした。モチャは少しだけ近寄ってくれたものの、チャビは隠れてしまったのです。しかし、保護猫として育った2匹にとって、慣れない人が怖いのは当然。くつろぐ姿を見られるのは、ふだん接してかわいがっている飼い主の特権なのです。2匹のかわいい姿は、ぜひakinaさんのインスタグラムをご覧ください。ここにはない、チャビとモチャが見られます。

食べる

ごはんはキッチンの横と、階段下のケージの中の2カ所に。キッチン横には安定感があってシンプルなデザインの「pidan」の器を。ケージの中には、柵にブックスタンドを取り付け、台座の金属部分を活用してマグネットで器を固定しています。

トイレ

階段下に作ったケージは、夜に2匹が過ごすスペース。トイレはキャスター付きで引き出して掃除しやすくしています。「2階の棚の下は、リノベの際にトイレを置くかもしれないと空けておいたので、活用しています」

2階は「デオトイレ」のカバー付き。空いたスペースはキャリー置き場に。

モノトーンの内装に合うねずみのおもちゃは出しっぱなしにすることが多いのだそう。その他、インテリアに合わない色みのものはまとめて袋に入れてキッチンに。「目に触れない方が、出した時に新鮮なのかよく遊んでくれます」

過ごす

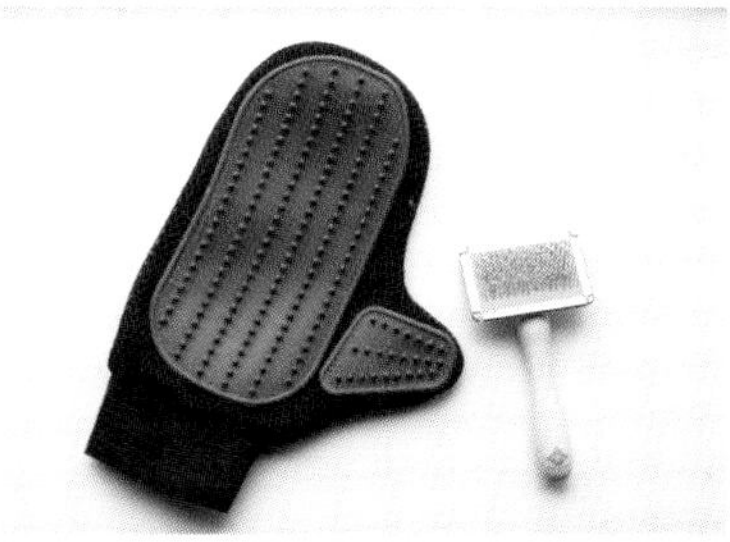

グルーミングは、グローブタイプと「プレシャンテ」のブラシを使っています。いつもは棚の下のりんご箱に隠して収納。

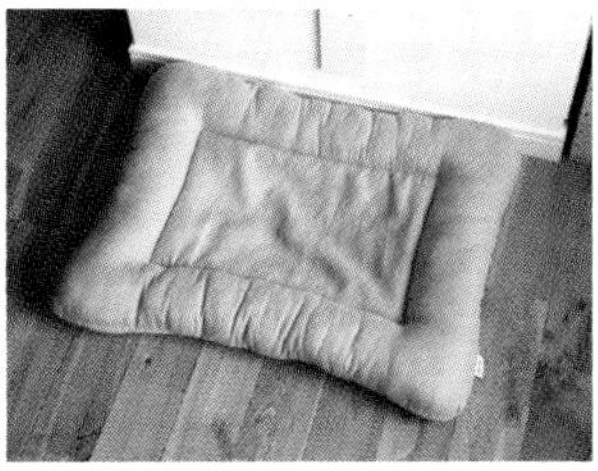

リビングには床置きのクッションや爪とぎを。上階のワークスペースでは、デスクの横にオープン棚を置いて、数段分を２匹のスペースとして空けています。

Column 1

キャットハウス・ベッド

テントや工芸品、ふわふわの手触りのいいものから、風通し抜群のものまで、幅広くご紹介。猫の大きさや性格に合ったものを選びましょう。

1

2

4

3

1

猫の快適さなどを考慮して設計されたキャットハウス。ウール素材を使った繭状のハウスは爪をとぐこともでき、毛羽立ったり汚れたりした部分は水拭きで簡単にお手入れができます。幅41×奥行40×高さ43cm（フレーム込み）。全6色。キューブ型の枠で囲んだ「The CUBE」もあり。The BALL／36,300円（税込）／モダニティ／03-3585-4332

2

前面に爪とぎマット付きのボックスタイプ。天板にはものを置くことができ、サイドテーブルとしても。脚を外せるので、壁に取り付けたり、棚の上に置いたりと、設置方法を変えられます。幅33×奥行38×高さ（脚入り）69cm。クッションはピンクもあり。LURVIG/ルールヴィグキャットハウス 脚・クッション付き／6,699円（税込）／イケア（イケア・ジャパン カスタマーサポートセンター）／0570-01-3900

3

新潟県関川村で受け継がれてきたわら細工。「猫ちぐら」も大正時代以前から作り続けられてきた伝統工芸品です。コシヒカリのわらだけを使い、職人が1週間以上かけて手作り。わらは保温性が高く、通気性が良いので、冬は温かく、夏でも快適です。底直径40×高さ34cm。2匹が入れる特大サイズもあり。猫ちぐら（大サイズ・1匹用）23,000円（税込）／関川村猫ちぐらの会／0254-64-3311

4

表現者やクリエイターたちと共に、猫への“偏愛”を発信するプロジェクト「Cat's ISSUE」とのコラボアイテム。ACMEオリジナル家具「FRESNO SOFA」をペット仕様に。オリジナルコーデュロイ生地「AC-07」を張り込んでいます。幅78×奥行56×高さ34cm。マスタード、ネイビーの全2色。FRESNO SOFA フレスノ ペットソファ／49,500円（税込）／ACME Furniture／0120-830-335

5

鞄や椅子などを制作するDIYレーベル「41世紀」が手がける猫用テント。生地は帆布と革、構造材は竹とアルミを使うことで、260gと指だけで持てるほどの軽さです。底面なしなので、ベッドや家具の上など、猫のお気に入りの場所に置くだけでOK。幅58×奥行61×高さ37cm(組み立て時)。ワッペンの色は全6色、生地はカーキもあり。#catstudyhouse／14,080円(税込)／41世紀／050-5889-5262

6

透明なプラスチックと天然木で作られた"宇宙船"のようなベッド。丸みが心地よく、どんな体勢でも気持ちよさそう。通気を良くするための穴も開いていて、夏でも快適。寒い日はクッションや毛布などを敷けば保温性を高められます。幅65×奥行42×高さ42cm。壁付けタイプもあり。MYZOO-宇宙船ALPHA／22,770円(税込)／MYZOO／info@myzoo.design

7

熊本県産材を使ったファクトリーブランドが手がける猫用の小さなこたつ。熊本地震で被災した製材所を応援したいと熊本産の栗材を使っています。栗材は、耐久性・防腐性に優れ、長く使えるもの。木目の美しさを生かし、家具職人が作っています。直径35×高さ23cm。生地はマスタードもあり。熊本産「栗の木」ねこたつ／35,000円(税込)／KUMAGREE／0944-85-5505

8

インテリアに溶け込むデザインが魅力のキャットベッド兼カフェテーブル。天板は強化ガラスで、テーブルの上から中にいる猫のかわいい姿を見ることができます。上質な天然のラタン(藤)を使い、熟練の職人が丁寧に編みあげています。約幅61×奥行61×高さ36cm。マホガニー、キャラメル、ナチュラル、ホワイトの全4色。ラタンカフェテーブルベッド／33,000円(税込)／ネコセカイ／048-961-8172

9

猫が寝ると、タルトの一部になったように見えるベッド。起毛素材のうえに、タルトのカップは猫があごを乗せやすい高さに設計されていて寝心地は抜群です。フルーツ形のクッションは、本体に縫い付けられているので、寝相の悪い猫でも安心。直径約40×高さ約11cm。フルーツタルトの具になってスヤァスイーツにゃんこクッション／6,701円(税込)／フェリシモ／0120-055-820(通話料無料)、0570-005-820(通話料お客さま負担)

5

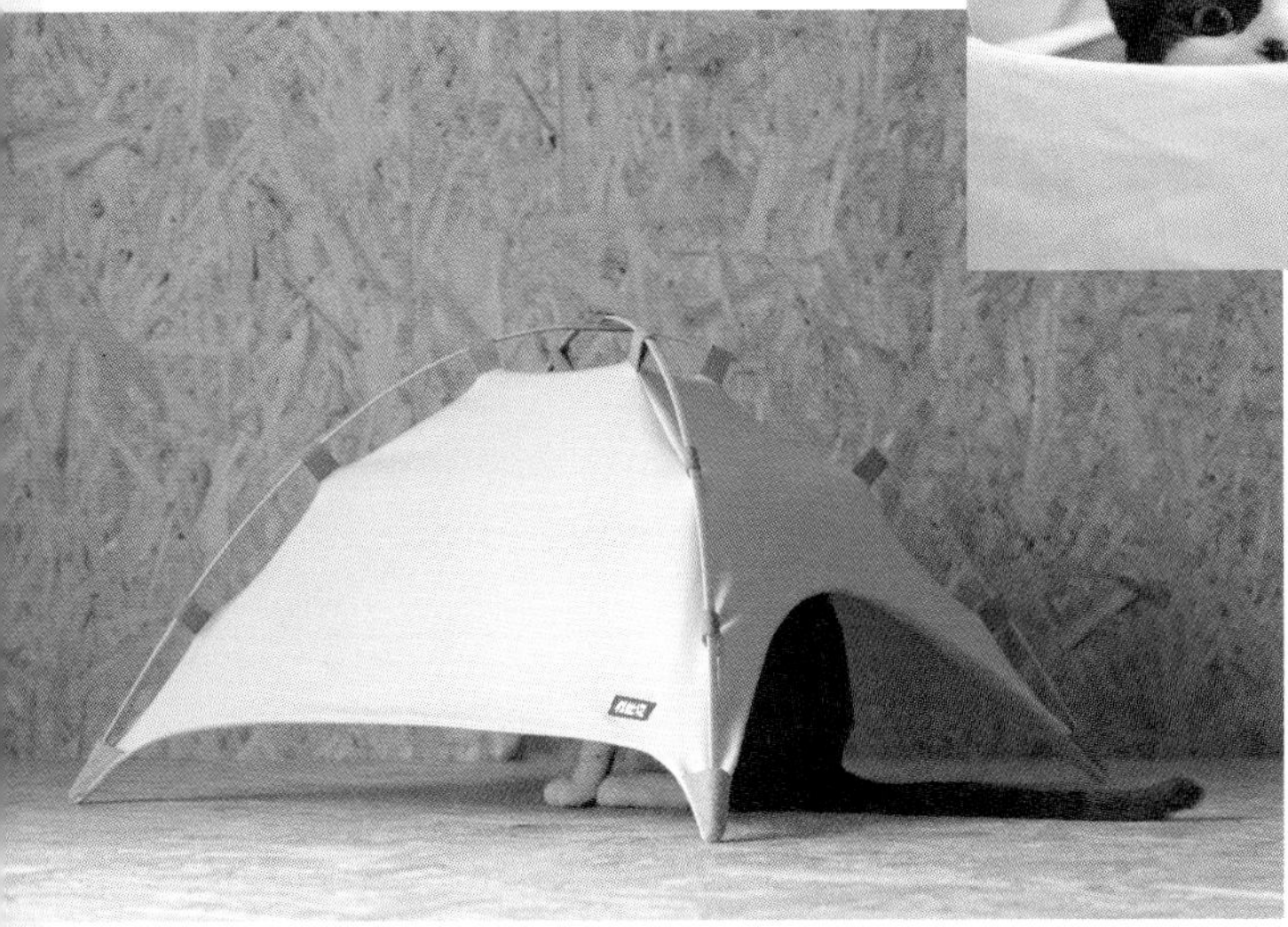

6

7

9

8

Column 2

タワー・ウォール

遊んだり、走り回ったりと、愛猫が運動できる環境作りも大切です。置くだけのタワーや、場所を取らずに設置できるウォールなどを集めました。

1

2

3

7

4

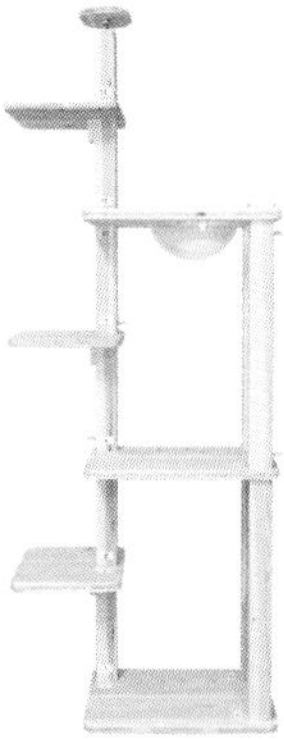
6

5

8

1

台湾の著名な建築家夫婦が愛猫のために設計・デザインしたタワー。様々な形の6つのブロックを自由に組み立てることができます。強化ダンボールなので、多頭飼いでも安心。ねこブロック／16,500円(税込)／A Cat Thing Design／080-4972-7375(販売元：PeTachi)

2

丈夫なつくりのキャットステップ。ステップの表面に溝があるため、滑りにくくなっています。星モチーフの「STAR」(別売)と一緒に飾れば、部屋の壁が夜空に早変わり。MYZOO-LUNA／33,670円(税込)／MYZOO／info@myzoo.design

3

簡単なリフォームでマグネットが付く壁パネルを取り付ければ、自由にパーツを配置できます。インテリアや猫の毛色にもなじむデザイン。パーツはステップ、トンネル、ボックス、ボックス透明の4種。猫壁(にゃんぺき)／18万円～(工事費込)／株式会社LIXIL／0120-126-001

4

アクリル板を使ったステップなら、普段は見られない下からの猫の姿を目にできます。画鋲程度の穴を開けるだけで設置可能。幅45×奥行22cm、最大耐荷重15kg。CAT ROAD＋シリーズ ワイドステップ／1枚9,900円(税込)／animacolle／0120-540-636

5

猫が安心して上下運動できるよう設計されたタワー。木材のステップの表面は、家具の工法「うづくり加工」を施して猫が足を滑らせにくい工夫がされています。高さ124cm。KARIMOKU CAT TREE／43,780円(税込)／カリモク家具株式会社／0570-028-562

6

安定感のあるつっぱり式のタワー。国産の天然乾燥杉をふんだんに使っているので、ナチュラルなインテリアにぴったり。杉にゃん ねこタワー リプレ 上段カプセルタイプ／メーカー希望小売価格106,400円(税込)／杉のチカラ株式会社／0480-53-8932

7

支柱にスリットがあり、6枚のステップを好きなところに差し込むだけでできるタワー。位置を自由に変えることができるうえ、組み立ても簡単です。高さ182.5cm。全3色。necobacoT／78,219円(税込)／株式会社オーエフティー／0120-101-925

8

重ねるとタワーに、単体で置けばキャットハウスに。表面は爪とぎにも使用可能。最大直径45×高さ110cm。グレー、ブラウン、オレンジ(オンライン限定)の全3色。キャットインテリアタワー NECOTA セットカーサ グレー／9,800円(税込)／株式会社カインズ／0120-877-111

2

好きなものはあきらめず、自然に楽しく暮らす

それほどものは減らさずとも、
それまでのスタイルを変えずとも、
猫とうまく暮らしているお宅5軒です。
子猫の時から、部屋になじんでいたり、
穏やかな性格ゆえに、ものを壊さなかったり、
老猫だからこそ、いつもゆっくりしていたり。
それぞれに理由あっての楽しい部屋ばかりです。

06

つがねさんと「おもち」・「こむぎ」

リビングのアクセントになっているヘリンボーンの壁。
「テーブルを置いておくと撮影にも使えるし、猫たちの遊び場にもなっていいな、と」

A.兄弟らしく、シンクロした動きが多いおもちとこむぎ。「見ているだけで癒されます」。B.外を見るのが好きな2匹は、キャットタワーの他に、窓辺でごろりとすることも多いそう。日当たりのいい場所は特等席です。子猫の時より落ち着き、カーテンにいたずらもしなくなりました。

Profile

つがねゆきこさん

@yukiko_tsugane

フードスタイリスト。広告・書籍・雑誌などで幅広く活動。「happy がうまれるフォトグッズのお店」として『&MERCI』をプロデュース。2021年、株式会社goodmood を立ち上げ、アップサイクルなプロダクトを始動。猫と暮らして20年以上、無類の猫好き。

Data

103㎡／2LDK

一戸建て

「うちの子たち、犬みたいに人懐っこいんですよ」とつがねさんが笑うように、おもちもこむぎも、当たり前のように足元にすり寄ってきて、顔を見上げてニャーと話しかけてくれます。撫でれば嬉しそうにお腹を見せてくれるほど。「子供たちと一緒に育ったので、人に慣れているのかもしれません」

2匹がつがねさんのもとへやってきた当時、息子さんは1歳。子育てと並行して、生後間もない子猫の面倒も見るという生活でした。「子育てでいっぱいいっぱいだったので、夫が猫がいたらいいかも？と言ってくれて。それもいいかなと思っていたら、たまたま保護されている兄弟猫の里親を募集されているのを見つけたんです。仕事をしているから、引き取るなら2匹がいいだろうと考えていたのでちょうどいいな、と。まわりからは子育ても子猫も大丈夫かと心配されました。案の定、大変でしたよ。なんでこんな時にこんな状況になってしまったんだろうと思ったこともあったくらいです（笑）」

まだミルクをあげて、排泄も促してあげなければいけない子猫たち。さらに、猫風邪をひきやすい体質だったこともあり、よく病院へ連れていかなければなりませんでした。治ったと思ったら、次は息子さんが体調を崩してしまうという繰り返しもあったそう。「そ

A.窓の外や高い場所を楽しめるようにと、つっぱりタイプのキャットタワーを設置。大きな植物にはいたずらしないので、横に並べて、キャットタワーがインテリアになじむようにしています。**B.**つい手を出してしまう小さな観葉植物は吊して楽しむように。**C.**食べ物を扱う撮影も多いので、ニオイには気を使っているというつがねさん。「料理家のワタナベさん(p58)に教えてもらったひばのチップを活用しています」

の頃は本当にあわただしくて大変でしたが、子育てのことを考えると、猫がいるという環境はとてもいいと思います。子供には『猫は言いたくても言葉で伝えられない。だから、嬉しそうか嫌そうかよーく見てあげてね。一緒に暮らしてるんだから、お互い居心地がいい方がいいよね』と話すようにしています」。やがて娘さんも誕生し、家族として2匹は一緒に成長してきたのです。

スタイリストの仕事に復帰したつがねさんは、少しでも2匹がストレスを抱えないよう工夫してきました。「ものを落としたり、壊したりして怒るのはお互いに嫌なものです。なので、猫が好きな場所には、大事なものは置かないようにしています」。外を見るのが好きだからと窓辺などは猫の場所として譲ることに。大切なものは置きっぱなしにしません。「あとは、逆に、猫が足を乗せられないようにものを置いておくことも。そうすると猫もわかって上らないので、大丈夫なんです」

自宅で仕事をすることもあり、時折、撮影現場として使うことも。食べ物を扱う撮影もあるため、2匹は2階へ移動します。「なので、ごはんとトイレは基本的に2階に置くようにしています。脱衣所を兼ねた洗面所が広めなので、猫のスペースにもなっています」

A.B.こむぎとおもち。それぞれ、似た食べ物の色から名づけられた2匹。フードスタイリストのつがねさんらしい発想です。C.ソファは家族が集まる場所。2匹も一緒になってよくくつろいでいます。「毛がついたり、何かと汚れたりするので、大判のクロスを敷いてこまめに洗濯するようにしています」

仕事が終われば2匹はまた自由に1階と行き来し、子供たちと遊んだり、キャットタワーから外を眺めたり。基本的に2匹で走り回ることが多いので、おもちゃはほとんど持っていないそう。「おもちに噛みぐせがあって、食べてしまったり、ワタを出してしまったりするので、あまり使わなくなったというのもあります」。一方、植物にはいたずらをしてしまうので、吊すタイプにしたり、興味をひかない大きな鉢植えにしたり。「小さな葉っぱがあると手を出すんですが、大きくてトゲがあるような花には興味がないので、そういう形状のものを選んでいます」

仕事に、家事に、子育てに。つがねさんの日々は目まぐるしく過ぎていきます。しかし、そんな毎日だからこそ、猫の存在は大きいと話します。「息子は、私に怒られると、2匹に顔をうずめるんです。私も子供の頃にそうしてたな、と思い出しました。猫って拠り所になってくれるんですよね。私自身もバタバタ過ごしている時に、いつもと変わらない2匹の姿を見るだけで、ゆっくりしようと思えるんです」。そう話すつがねさんに、おもちがすり寄ってきたかと思うと、こむぎがなでてほしそうにごろんと横に。なるほど、こういうことなんですね。

撮影がない日は、1階も自由に行き来する2匹。「床にものを出しっぱなしだと、すぐにおもちゃになってしまうので、何も置かないように。掃除ロボットも活用しているので、その方がすっきりした状態を保てます」

06

つがねさんと「おもち」・「こむぎ」

食べる

ごはんや水は、2階の洗面所が定位置。水はすぐに足せるよう、水栓の横に。松塚裕子さんのコンポート皿が高さもちょうどいいそう。ごはんは「イッタラ」のカステヘルミを。「重さがあって安定感もあるし、食洗機でも洗えるので便利です」。2匹並んで食べる背中が、なんとも愛おしいものです。

トイレ

洗面台の下に「ユニ・チャーム」のデオトイレのワイドタイプを設置。ニオイが気にならないよう、消臭効果のあるパインウッドを使っています。

リビングにはキャットタワーと爪とぎを。「キャットタワーは安定感を重視して選びました。一つの袋に2匹で入っていることもあります」。また、洗面所にある洗濯機上にも爪とぎ兼ベッドを置いて、2階からも外が眺められるようにしています。

過ごす

グルーミングは「レデッカー」のブラシを愛用。「短毛でも抜け毛の季節は大変なので子供たちのお仕事としてやってもらっています」

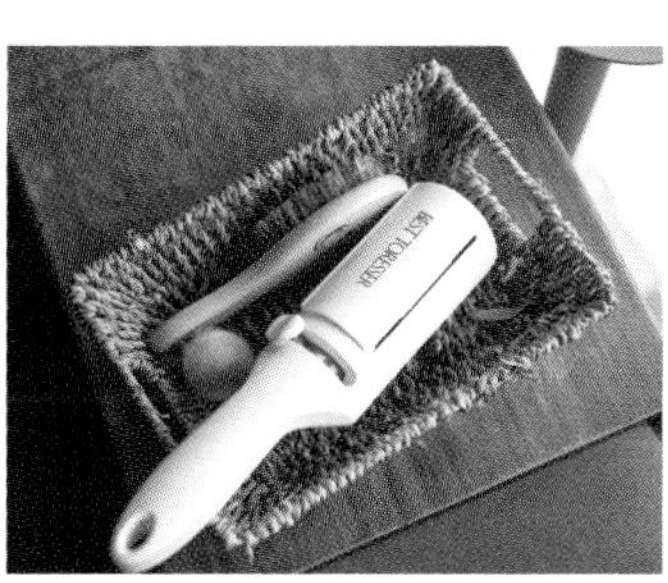

07

Makiさんと「Niko」・「Poko」

上が姉御肌のNiko、下が弟分のPoko。2匹がいるのは「KAFBO」の段ボール製の棚。
スペースに合わせて組み合わせられるので、2匹の動きに合わせて模様替えが気軽にできて便利です。

Nikoが上ると、Pokoも真似してテーブルに。まるで姉と弟のように仲良しな2匹です。

Profile

Makiさん

@nikoandpoko　@nekoto_hanato_oyatsu

神奈川の一軒家で夫と二人暮らし。もともと植物を扱う仕事をしていたことから、庭仕事や花を育てることが大好き。NikoとPokoの暮らしを紹介しているインスタグラムはフォロワー9万人という人気ぶり。

Data

98㎡／3LDK
一戸建て

「このくしゃっとした顔がなんともかわいくて、いつか一緒に暮らしたいと思っていたんです」と、NikoとPokoを見ながら、嬉しそうに話すMakiさん。エキゾチックショートヘアの2匹は、そもそも高い場所には飛び乗ることもなければ、激しく走り回ったりということもないのだそう。「おかげで、もともと好きな雑貨や花を飾っていてもいたずらされることはないので、壊されて困ったものも特にないんです」

もともと、Makiさんのお宅に最初にやって来たのはNikoでした。雑誌でエキゾチックショートヘアの存在を知り、気になっていた頃に、たまたま足を運んだお店で出会ったのだそう。「猫を飼ったことがなかったので、面倒を見られるのか、きちんと育てられるのか、随分考えました。2年くらい調べて悩んで、決めたんです。幸い、Nikoはいたずらはしないし、ごはんも食べるし、トイレもきちんとできる子なので、手がかかりませんでした」。ただ、寂しがり屋なのか、Makiさんの姿が見えなくなると鳴いて呼ぶことも多かったのだそう。2匹いたら大丈夫かもしれないと考え始め、4年前にPokoを迎え入れることに。「こんなに違うものかと思い知りました。性格によるものかもしれませんが、Pokoは壁で爪をといで

A.広い庭が気に入って購入した一軒家。「もともと好きだった『PACIFIC FURNITURE SERVICE』に1階だけリノベーションをお願いしました」。和室を取り払って広い空間にしたおかげで、2匹ものびのびとすごしています。**B.**Pokoの運動能力が上がるきっかけになった「KAFBO」の段ボール棚。今でも上り下りが好きでよくここにいるそう。**C.**細かい調味料や雑貨が目の前にあっても、手を出さずに眺めている偉いNiko。

しまったこともありますし、なぜか、トイレ以外で粗相をすることもあるんです」。壁にはシートを貼って爪がひっからないようにし、トイレはペットシートもうまく併用するように。粗相をしたらすぐに洗ってニオイが残らないようにしています。

Pokoがやって来たことで、インテリアに変化があったと振り返ります。「Nikoだけの時は、それほど専用のものは用意していなかったんです。もともと使っていた椅子に上ったり、かごにぴったりハマって寝ていたので、それで十分かな、と思っていました。でも、Pokoは違って、最初、椅子にも上れなかったんです。それが、たまたま猫専用の段ボール製の棚をいただいて置いてみたら、すごく楽しそうに上り下りするようになって。驚きました。筋力がついたせいか、いつの間にか椅子にも上れるように。猫にとっては、それなりに作られたものの良さがあるんだなと実感しました」。以来、専用の棚を買い足したり、ベッドを置くようになったりと、少しずつ猫専用のものが増えていったのです。2階の一室は壁にペンキを塗り、DIYで壁にキャットウォークを取り付けてもいます。「インテリアとしても楽しみたいので、できるだけいいデザインのものを選びたいなと思って

A. 窓辺で大あくびをするのんきなPoko。B. 花やガラスの雑貨にも手を出さず、外を眺めるNiko。「いたずらするかどうかは、猫の性格にもよるのかもしれません」

C. 2階の壁にはハウス型の棚を取り付けて、猫グッズを飾っています。D. 1階の壁の棚。「この高さに飛び乗ることはできないので、ぶつかって倒れてしまうようなものはここに飾るようにしています」E. とにかく外を見るのが好きなNiko。「Pokoはここまで上れないので、一人になりたい時にはここにいるのかもしれません。避難場所みたいな感じです」

いています。海外の商品もよく見ていて、色や形など部屋になじむものを探しています」

じつは、Nikoを迎える前に一軒家を購入してリノベーションをしていました。「まだ猫を飼おうと決断できていなかったので、リノベでは猫のためのことはできなかったんです。でも、それはそれでよかったかな、と。暮らしながら2匹の様子を見ながら、できることを取り入れていけばいいと思っています」

2匹を見ていると、仲良くじゃれあっていたかと思うと、それぞれ好きな場所でゆっくりくつろぎ、Pokoが寝始めたかと思えば、Nikoはいつの間にか窓辺のステップに移動して外を眺めています。どこにいても、気持ちよさそうに目を細めて過ごしている2匹。「Pokoが来たことで、Nikoが一気にお姉ちゃんになった気がします。PokoはNikoが大好きでしつこく絡むので、時々猫パンチをして距離を教えたりもしています。見ていると、5歳の女の子と3歳の男の子、という感じでおもしろいんです」と愛おしそうに2匹を見ます。愛らしい2匹の姿はSNSでも人気で、雑誌で取材されたり、写真集を販売したり。これからもきっと、Makiさんのもとでたくさんの人を楽しませてくれるでしょう。

窓には吸盤で取り付けるタイプの猫用ベッドを。「以前はワイヤーで吊して、吸盤でも固定するタイプのものを使っていたのですが、シンプルなデザインのものをamazonで見つけたので取り入れてみました」。日当たりもよく、居心地よさそうにしている2匹。

ごはん用の器を出す音がすると、すぐにキッチンへやって来る2匹。「Nikoは好みがあるのか、決まったものしか食べないんです。Pokoはアレルギーに合わせて調整するので、それぞれ違うごはんをあげています」

食べる

あまり激しい動きをしない猫種で、さらにPokoはアレルギーもあるので、ごはんの時間に器を出して、決まった量をあげているそう。「水はいつでも飲めるように、1階と2階に置き場を作っています」

トイレ

トイレはシンプルなデザインの「Pidan」を愛用。ニオイが気になるので、消臭効果の高いポリ袋も常備しています。「『BOS』というところのもので、本当におすすめです」

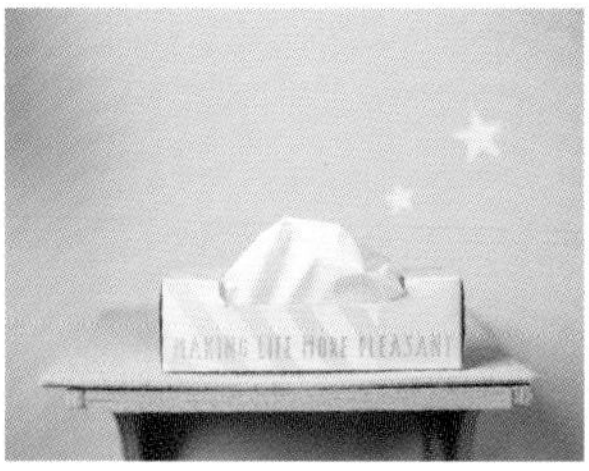

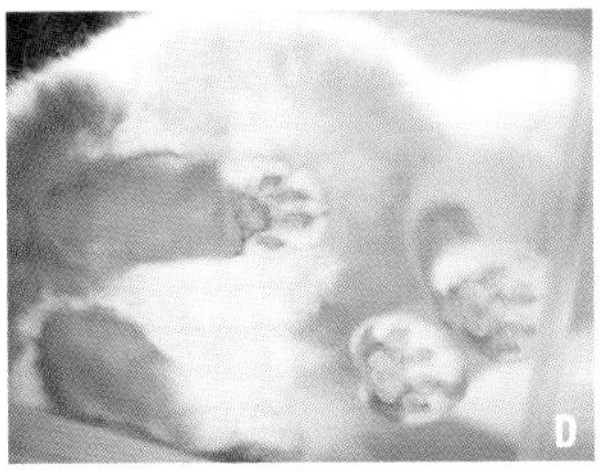

A. おもちゃで遊ぶのが大好きなPoko。**B.** おもちゃは、テレビ裏に隠して収納しています。**C.** 2階の一室は、壁を淡いブルーに塗って「MY ZOO」のキャットウォールを取り付け。**D.**「雲形は棚板が透明なので、肉球やお腹が見えて楽しいんです」

過ごす

猫型にくりぬかれたベッドやかご、透明のカプセル付きベッドなど、猫専用のくつろぎ場所はいろいろ。

ソファ上のベッドは主にNikoが使うことが多く、窓辺の爪とぎ兼ベッドは2匹が兼用しているそう。「なんとなく好きな場所があるみたいですね」

08

ワタナベさんと「はな」・「はっとり」

A.「はっとりは箱に入るのが大好きなので、いい大きさのものがあったら取っておくようになりました」。今はこのメロン箱がお気に入り。
B. なんとか撮れたはなは、姉御肌な性格。「ベランダに出てしまったはっとりをペシって叩いて叱ってました(笑)。頼りになるんです」

ベランダに出ようとしたりとやんちゃ盛りのはっとりは1歳になったところ。もう立派な成猫の大きさに。「残ったはなのごはんまで食べちゃってることがあるから、大きくなって……」

Profile

ワタナベマキさん　@maki_watanabe

料理研究家。夫と息子の3人暮らし。広告代理店を経てグラフィックデザイナーに。デザイン事務所で作っていたランチやケータリングが人気となり、料理家の道へ。実用的な家庭料理から本格的なエスニック料理まで幅広いレシピを手がける。近著に『ワタナベマキの梅料理』(NHK出版)がある。

Data

86㎡／3LDK
分譲マンション

ワタナベさんが、猫との暮らしを考え始めたのは数年前のこと。当時は、息子さんのアレルギーがあって断念していたと振り返ります。「息子がいちばん飼いたがっていたんです。小さい頃はダメでしたが、中学生になってもう一度検査してみたら大丈夫な体質になっていたので、まわりに猫と暮らしたいと話すようにしていました」

たまたま知り合いが猫を保護していることを教えてくれ、会いに行くことに。最初は1匹だけと考えていましたが、その場でじゃれてきたもう1匹のかわいさに離れ難くなり、一緒に引き取ることにしたのだそう。「2匹育てられるか不安はありましたが、なんとかなりました。今ではよかったなと思っています。兄弟というわけではないのですが、一緒に保護されて育っていたので、いつも2匹で遊んでいます。でも、性格は全く違うんですよ」と話すように、すぐに足元にすり寄ってくれるはっとりがいたかと思えば、もう1匹のはなの姿が見えません。棚の下に隠れて出てこないのです。なんとか写真におさめようとおもちゃやおやつで気を引くものの、警戒したまま。「はっとりは生まれてすぐ保護されたんですが、はなは2カ月くらい野良の期間があったらしいんです。そういう違いもあるのかもしれません」。はなを心配してか、気を使って

B

A

C

D

A. 奥にある大きな花びんが、2匹が小さいころに倒してしまったもの。「とりあえず、接着剤でくっつけちゃったので、いつか金継ぎができたらいいなと思っています」 **B.** はなが出てこない代わりにと言わんばかりにポーズをとってくれるはっとり。凛々しくて頼もしい姿です。 **C.** リビングには、消臭効果があるひば材を置いています。「猫にとっても安心なものを探していて見つけました」 **D.** リビングにある大きな鉢植え。「表面にひばのチップを敷き詰めて土が見えないようにしていたずら防止に」 **E.** 棚やテーブルの上など、どこでも上れてしまう2匹。倒れてしまう危ないものは棚にしまい、安定感のあるものだけ出すようにしています。左のソファは座面で爪をとがれてしまうことがあるので、リビングにも爪とぎを置くようにしました。

くれているのか、棚の横から見に行くはっとりの優しさが心に沁みるほどです。

料理家という仕事柄、広いキッチンを中心としたリビングダイニングはワタナベさんにとっての仕事場でもあります。「撮影や試作をしている時は、2匹は息子の部屋にいてもらいます。仕事が終わったら、自由に行き来してよし、という感じに」。2匹はどちらもまだ1歳。食べ物があればいたずらをしますし、植物があればつい手を出してしまいます。「口にしてはいけないものは、きちんとしまうようにして、植物もいたずらする土の部分には覆いをするようにしました。花を飾るのはやめて、グリーンはもっぱらベランダで楽しもうかな、と」。走り回っている2匹に、大きな花びんを割られてしまったこともあります。なんとか破片を集めて、接着して応急処置。「わざとじゃないし、それ以来、ものを壊すことはほとんどないので仕方のないことだと思っています。むしろ、息子よりも言うことを聞いてくれるから楽なんですよ」と、笑いながらこっそり教えてくれます。

ワタナベさんがいちばん気をつけているのは、ニオイのこと。料理をするうえでも、お客様に対しても、です。「トイレは、息子の部

屋と洗面所に。ニオイがつかないようにホーロー製の容器を使っています。掃除はこまめにするようにしていて、猫にも影響のない次亜塩素酸を。リビングでは、消臭効果のあるひば材を取り入れるようにしています」。前述の鉢植えの覆いには、ひば材のチップを活用し、ごはんや水を入れる容器もひば材を使ったもの。また、大きな容器にチップを入れて、時折、猫にも大丈夫なオイルを垂らすようにしているのだそう。

そのほか、爪とぎやおもちゃはありますが、インテリアとして猫のために取り入れた特別なものはないと言います。「猫を飼うのは初めてのことなので、まだ何が必要で、どうしたらいいのかわからないこともたくさんあります。まだまだ勉強中。暮らしながら、様子を見ながら少しずつやっていけたらいいなと思っているところです」

２匹がやって来たことで、家族共通の話題が増えたとも言います。「もっぱら、私が２匹に話しかけることが増えました。話し相手になってくれてありがたい存在です」と棚の下のはなを見ます。最後まで出てくることはありませんでしたが、きっとそのうち姿を現すでしょう。はっとりが気持ちよさそうにテーブルに横になりながら、励ますようにニャアとひと声かけてくれたのでした。

食べる

ごはんや水には「カルデサック」の青森ひばのものを愛用。「抗菌や消臭作用もあるので安心して使えます」。息子さんの部屋へ移動することもあるので、テーブルタイプだと持ち運びも便利。水はトレーに置いて、飲みこぼしを拭きやすく、移動もしやすくしています。

トイレ

「野田琺瑯」のホーロー製の大きな洗い桶をトイレとして使っています。洗面所と息子さんの部屋の２カ所に設置。「ホーローだとニオイがつかないし、洗うのも楽なので重宝しています」

グルーミングには、プレゼントでもらったというブラシを愛用。

過ごす

2匹で追いかけっこをすることもあれば、おもちゃで遊ぶのも大好き。「それぞれ好きなおもちゃが違うのもおもしろいですね。はなは市販のねずみ型が大好きで、はっとりは梱包材とかビニール紐とかが好き。そういう様子を観察するのも楽しいです」

リビングには専用の爪とぎを置いているので、そのほかの家具に爪を立てることはないそう。あちこち走り回った後、大きなつぼに入って遊ぶ好奇心旺盛なはっとり。

09

山本さんと「紅子」

壁に合わせて作り付けた本棚。脚立に上った先は、紅子専用として空けてあります。
「ジャンプ力はないけれど、高いところは好きなようで、気がつくとよく上っています」

A.棚の上でご満悦そうな紅子。「自分のペースで過ごしてくれるし、おっとりしている性格だから、助かっています。紅子だから一緒に暮らせているんだな、と思うんですよね」 B.テーブルの上でも特にグラスなどにはいたずらせず、植物をちょっと噛むくらい。届く場所には、食べても大丈夫な植物か、紅子が避けるくらい香りの強いハーブ類を置くようにしています。

Profile

山本亜由美さん

@leonardo_abc_

アクセサリー作家。OL時代に独学でアクセサリーを作り始め「murderpollen」として独立。植物や動物など自然界のものをモチーフにアクセサリーを作り続けている。セレクトショップなどでの販売のほか、植物を使ったインスタレーションとともに展示販売も行う。

Data

81㎡／3LDK

賃貸マンション

ゆっくり歩き回り、じっと何かを見ていたかと思うと、ぺたんと床に寝る紅子。山本さんが猫と暮らし始めたのは、この穏やかな性格ゆえのことでした。「それまで猫を飼ったこともなかったし、飼うつもりもなかったんです。でも紅子の、のそのそっとした感じを見ていたら、あまりにかわいくて、この子なら一緒に暮らせるかもしれない、と」。元スタッフの家で飼われていた猫の妹だった紅子は、生後3カ月で山本さんの家へと引き取られました。

アクセサリー作家として家で仕事をしている山本さんにとって、のそのそと動く穏やかな紅子は願ってもいない存在でした。「仕事中は、テーブルにも床にも細かいパーツをバーっと並べての作業になります。紅子は特に興味を示すこともないし、いたずらもしない。特定のおもちゃや窓の外の虫にしか興味がないみたいなので、助かっているんです」。制作中に邪魔もしなければ、展示会で使った植物にもほとんど手を出さない紅子。気が向いたら、山本さんが買ってきたおもちゃで遊び、あとは棚の隙間に入って寝ていたり、ゆっくり部屋を歩き回ったり。「仕事がひと段落したらかまいたくって、膝に乗せたり抱っこしたりするけれど、すぐに下りちゃう(笑)。馴れ合うことのない同居人という関係です。でも、私

A. ラグに寝そべる紅子。「膝に乗ってきたりと甘えることはないけれど、通り道に寝っ転がっていることは多いんです。かまってほしいのかと思って抱っこすると嫌がるんですよね」 **B.** ダイニングの一角が紅子のごはんスペース。 **C.** 山本さんがいる時だけベランダに出て遊ぶこともあるそう。

がお風呂に入ると、毎回ドアの外で鳴いて呼ぶんですよ。姿が見えないと寂しがるのに、じゃれてはこないんです」

そんな紅子が少しでも楽しめるようにと、山本さんは小さな工夫を随所に施しています。壁に作りつけた棚は、数カ所空けて紅子専用の場所に。かごを置いて寝られるようにしているスペースもあります。高い棚にも上れるようにと、古い脚立を置いたままに。また、それほどジャンプ力のない紅子は、高さのあるベッドに一気に上れません。ステップとして使えるよう、オットマンを2カ所置いて上りやすくもしています。ごはんの器も、紅子が食べやすいよう、本や木で高さを調節。たっぷり水が入っていると喜んでいる気がするからと、大きな花瓶を飲み水用に。

出窓には雑貨がたくさん飾ってありますが、紅子がいたずらすることはないのでしょうか？「壊されたり、割られたりしたものはないですね。足の踏み場がないように置いておくと上れないから、興味がないのかもしれません。細かいものが多い私には、ありがたい性格なんだなと改めて思います」。紅子を見ていると、確かに機敏な動きをするわけでもなければ、激しく走り回ることもありません。山本さんがソファでくつろいでいても、

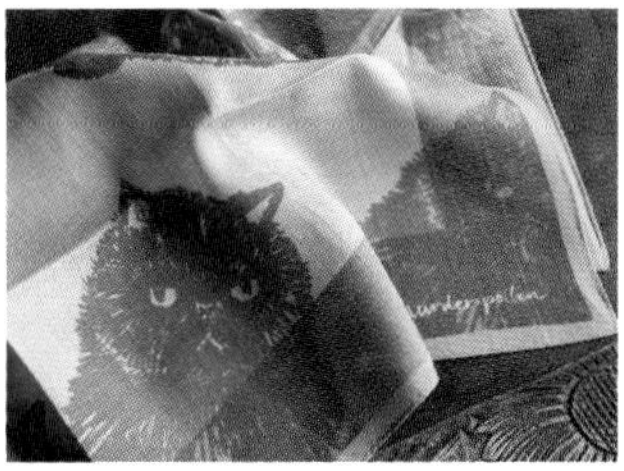

紅子をモチーフにしたオリジナルグッズとして、スカーフやバッチを作ったことも。独特の表情がたまりません。

A. アクセサリーの展示会のために山本さん自ら描いた壁画を自宅に飾っています。紅子はお客さんの間でも大人気なので、モチーフとなることも。前に立つとそっくり。
B. エキゾチックショートへアらしい、小さな鼻がポイントです。

膝に乗ってくることはなく、背もたれの裏でごろんと横になっている紅子。ただ、同じ空間を共有し、そばにいてくれるという存在なのでしょう。まさに『同居人』という表現がぴったりです。

「紅子が穏やかなのはもともとかもしれないけれど、クールなのは私のせいかもしれないなと思うんです。仕事に集中するとほとんどかまってあげられなくなってしまいます。紅子の要求に気づいてあげられず、どうせ遊んでくれないからって諦めているのかもしれないですよね。でも時々びっくりするくらいの大きな声で呼ぶこともあるし、まだまだわからないことだらけ」と話します。山本さんがベランダから草を摘んでくれれば、ちょんちょんと手を出す紅子を見ていると、それなりに自分のペースで楽しんでいるように感じます。

猫は本来、気まぐれで自由な生き物。好きな時に寝て、食べて、ちょっと遊んで、また眠る。山本さんがそばにいることを知っているからこそ、安心して好きなように過ごせているように思えるのです。山本さんがあれこれ工夫した場所でくつろいでいるのが、何よりの証拠。脚立をゆっくり上り、高い棚におさまって寝息をたてる紅子は満足そうです。

11歳になって、少しずつ変わってきたこともあります。「寝る時間が増えたり、鼻息が大きくなったり。寒がりになったなと思うこともあります。体調の変化があったら、きちんと気がつけるようにしたいと思っています」

食べる

浅く、広めの器の方が食べやすいので、手持ちの食器を紅子用に。様子を見て、本や木を使って高さを調整しています。一方水は花瓶を活用。「水が飲みやすくて好きみたい。いつもたっぷり水を入れておくようにしています」

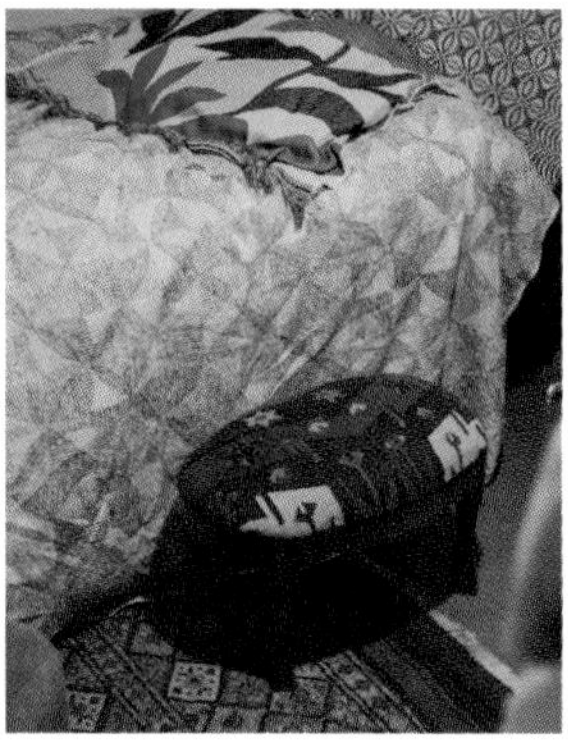

寝る

年とともに、寝る時間が増えてきた紅子。窓辺に敷いたキリムの上や、棚に置いたかごなどが寝場所に。「ベッドの上で寝ていることも多いので、上りやすいようオットマンを置いてステップ代わりにしています」

過ごす

穏やかでおっとりとした性格ですが、おもちゃで遊ぶのも好き。激しく動くことはないものの、草に手を出したり、魚やねずみのおもちゃにちょっかいをかけたり。

冷蔵庫にぶら下げているのは、またたびボール。「珍しく紅子がガシガシしてほどけてしまったので、余っていた布で巻きなおしました」

トイレ

換気しやすい窓辺にトイレを。「最近、年をとったせいかトイレの外にしてしまうこともあるので、ひとまずダンボールを敷いてガードしています」

10

中川さんと「しろこ」

キッチンの棚の食器や食材などにも手を出さないしろこ。「撮影中は2階へ行ってもらっていますが、ふだんは自由に行き来しています。いたずらしないのは本当にありがたい。老猫って穏やかでいいですね」。

しろこと並んで外を眺める娘のにこさん。「しろこは、娘のベッドで寝ることが多くて、仲良しなんです」

Profile

中川たまさん　@tamanakagawa

料理研究家。夫と娘の3人暮らし。自然食品店やケータリングユニット「にぎにぎ」などを経て、2008年に独立。果実や野菜を使った美しい料理が人気で、書籍や雑誌などで活躍中。神奈川県の一軒家をリノベーションして暮らしている。近著に『ふわふわカステラの本』（主婦と生活社）がある。

Data

100㎡／3LDK
一戸建て

おもちゃに反応しなければ、いたずらもしない。そんな猫が、中川さんのお宅にいます。名前はしろこ。「もともと地域猫で、このあたりの方々がそう呼んで面倒を見ていたんです。でもある時から、大きな声で鳴きながら我が家のまわりや庭をぐるぐる歩き回るようになって。何か訴えたいことがあるのか、心配になって様子を見ていたら、少しずつ家に入って来るようになったんです」

地域猫として避妊手術はしていたのですが、当時のしろこはお腹がゆるくなっていました。心配になった中川さんは病院へ連れて行くことに。「名前を書く欄に『中川しろこ』と。なんとなくうちの子になるんだろうな、という予感はありました」。診察してもらったところ、特に病気ではなかったのでひと安心。年齢はおそらく10歳くらいということもわかりました。「ちょうど夫が入院して家にいない時期があって、娘と二人で『うちの子にしちゃおう』と決めて引き取ることにしたんです」。とはいえ、10年近く野良猫として過ごしていた猫です。すぐに懐いたのでしょうか？

「地域猫で人間には慣れているので、最初から特に隠れることなく自由でした。ただ、とにかく朝が早くて、3時に起きて歩き回るんです。私も目が覚めてしまって、最初はやっぱり一緒に暮らせないかもと思うほどでし

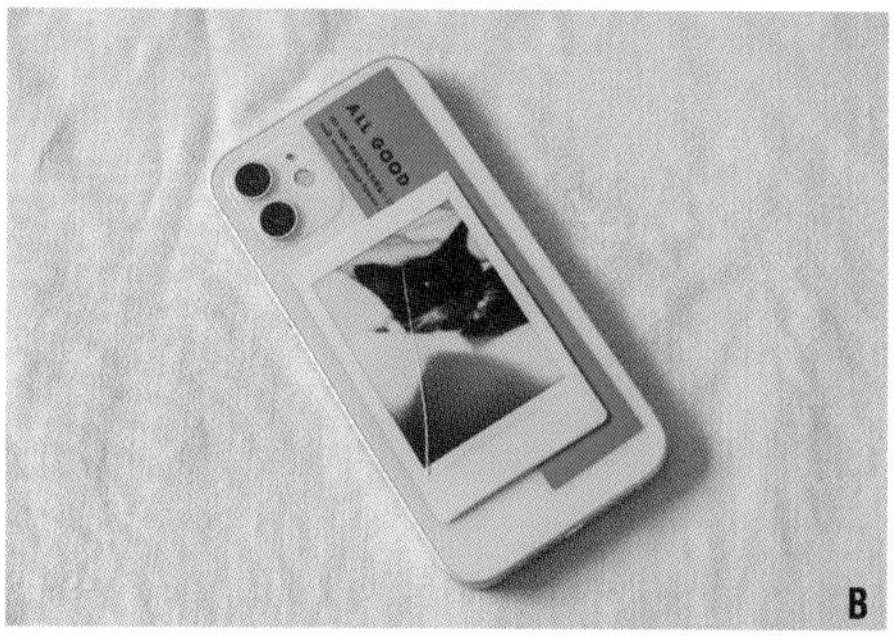

A. まだ中川家の一員になる前からしろこが遊びにきていたという庭。**B.** 娘のにこさんは、携帯にしろこの写真と抜けたひげを大切に入れています。**C.** ダイニングの脇にあるオープン棚。たまさんが手がけた保存食や庭で採れた果実が並びます。「しろこは見向きもしませんね(笑)」

た。でも、少しずつ慣れてきてくれて、今は私たちと同じ生活リズムになっています」

しろこのために用意したのは、ごはんの器とトイレ、爪とぎや猫じゃらし。家で過ごす様子を見てからグッズを増やそうと考えていたそう。しかし、当のしろこは特に棚に上ったり、高いところへ行こうとしたりすることはありません。猫じゃらしもちょっと遊んですぐに飽きてしまいました。「何か壊されたりもしていないし、インテリアとして片づけなければいけないものがあったわけでもない。猫のための部屋づくりをしたという感覚はないんです」。とはいえ、ごはんの器はナチュラルな素材のものを選び、爪とぎも棚の下になじませるように置いてあり、インテリアとして猫グッズをうまく取り入れている様子はさすがです。ふと窓を見ると、網戸に猫用の出入り口が設置されていました。

「野良だったから、外でトイレを済ませたいこともあるかと思って作ったんですけど、全然活用してくれてません。気づいてないのかな」と笑います。しろこは素知らぬふりをして窓の外に広がる庭を見るばかり。

「昼間は好きな場所で自由に過ごしていますが、しっかり寝るぞという時には、大きな声で鳴いて呼ぶんです。必ず誰かが一緒にベッ

白い棚下には爪とぎが。ナチュラルな色みを選んでいるので、うまくなじんでいます。

A.「後ろ足で首元をかく時には、なぜかいつも舌が出てしまうんですよね。おもしろいなぁって思って見ています」 **B.** ときどきは椅子からテーブルに上るというアグレッシブさを見せることもあるしろこ。あまり長くいることはなく、通り道という感覚なのかもしれません。

ドに入って寝かしつけないといけないんですよ。子供みたいでしょう? 我が家では、その時に忙しくない人が担当することにしています」

2階の娘さんのベッドに行くこともあれば、1階でご主人と寝ることもあるそう。ちなみに、トイレで用を足した後にもしっかり大きな声で鳴いて知らせるしろこ。もと野良猫とは思えない律儀さです。

中川さんにとって猫を飼うのは2度目のこと。一人暮らしをしていた時に野良猫を引き取ったことがあるのだそう。「小さな猫でしたし、活発でとにかくいたずらばっかりでした。猫によってこんなにも違うものか、と。それはそれで楽しかったですが、今の私の暮らしには、しろこみたいな老猫でよかったなと思います」

棚に積んだ食器を心配することもなく、食べ物へのいたずらを防ぐ必要もない。すでに整えたインテリアや暮らしのリズムを変えなくてもいいのです。ただ穏やかにそばにいてくれる、あたたかな存在。

「老猫だからこそのよさを実感しているところです。まあ、おしゃべりで寂しんぼうですけどねぇ(笑)。これからも、しっかり面倒を見ていきたいと思っています」

庭から見たリビングの様子。しろこはじっと外を眺めています。
「最近、夫が涼しい1階で寝ているので、布団をそのまま畳んで窓辺に置いてあるんです。しろこの定位置にもなっていて気持ちよさそうですね」。

10

中川さんと「しろこ」

食べる

カリカリと水は、木製の脚付きの器に入れて。「HUTOCO」のボウルは、脚を付け替えると傾斜がついて食べやすくなって便利だそう。そのほかにウェットを水でふやかして食べる時は、専用の陶器を。

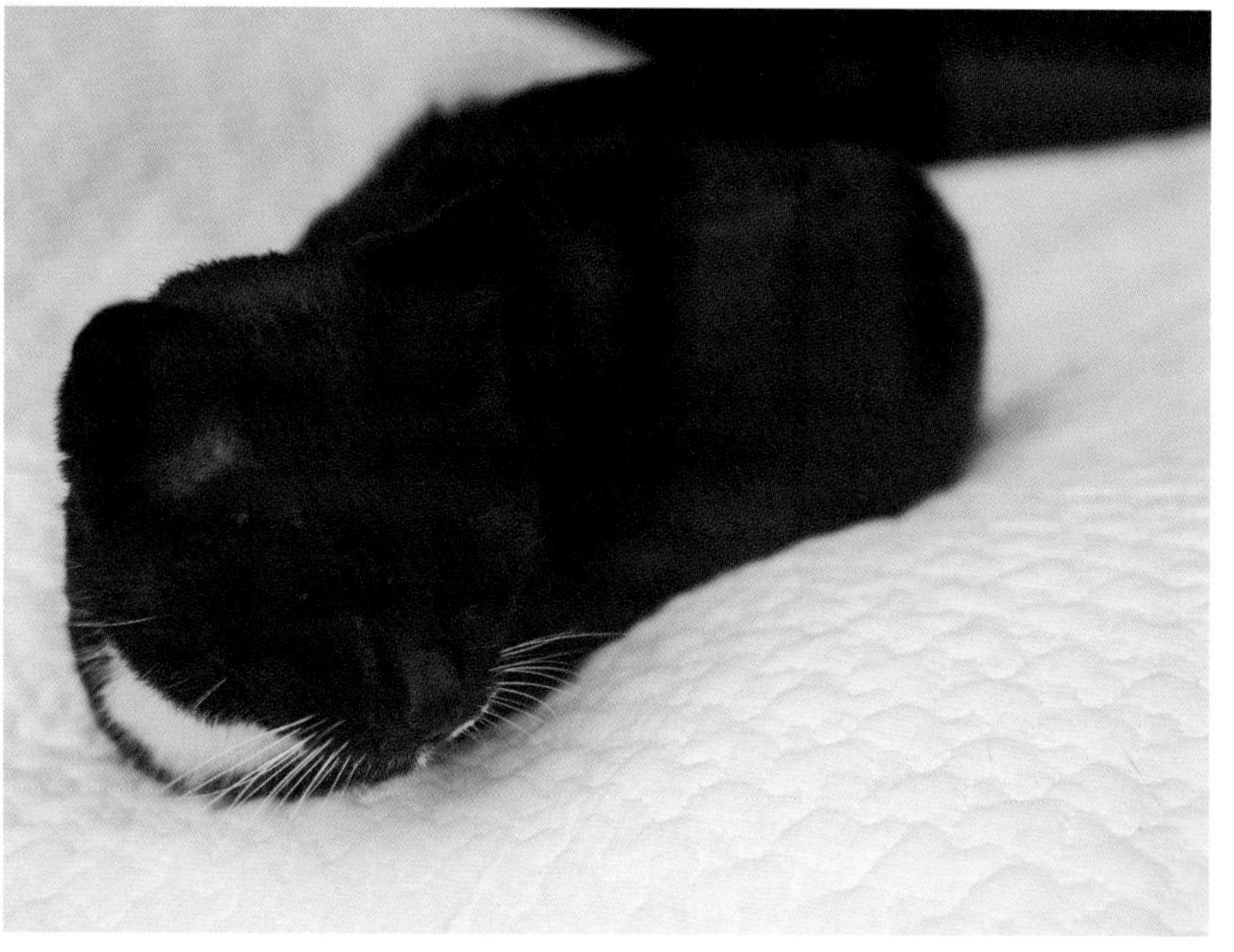

寝る

日中は、1階に置いてあるふとんや、2階のベッドなど、好きな場所で寝ているしろこ。ちゃんとしっかり寝たい時は家族を呼びます。「ふとんをかぶせてトントンしてあげるといつの間にか寝ている感じ」

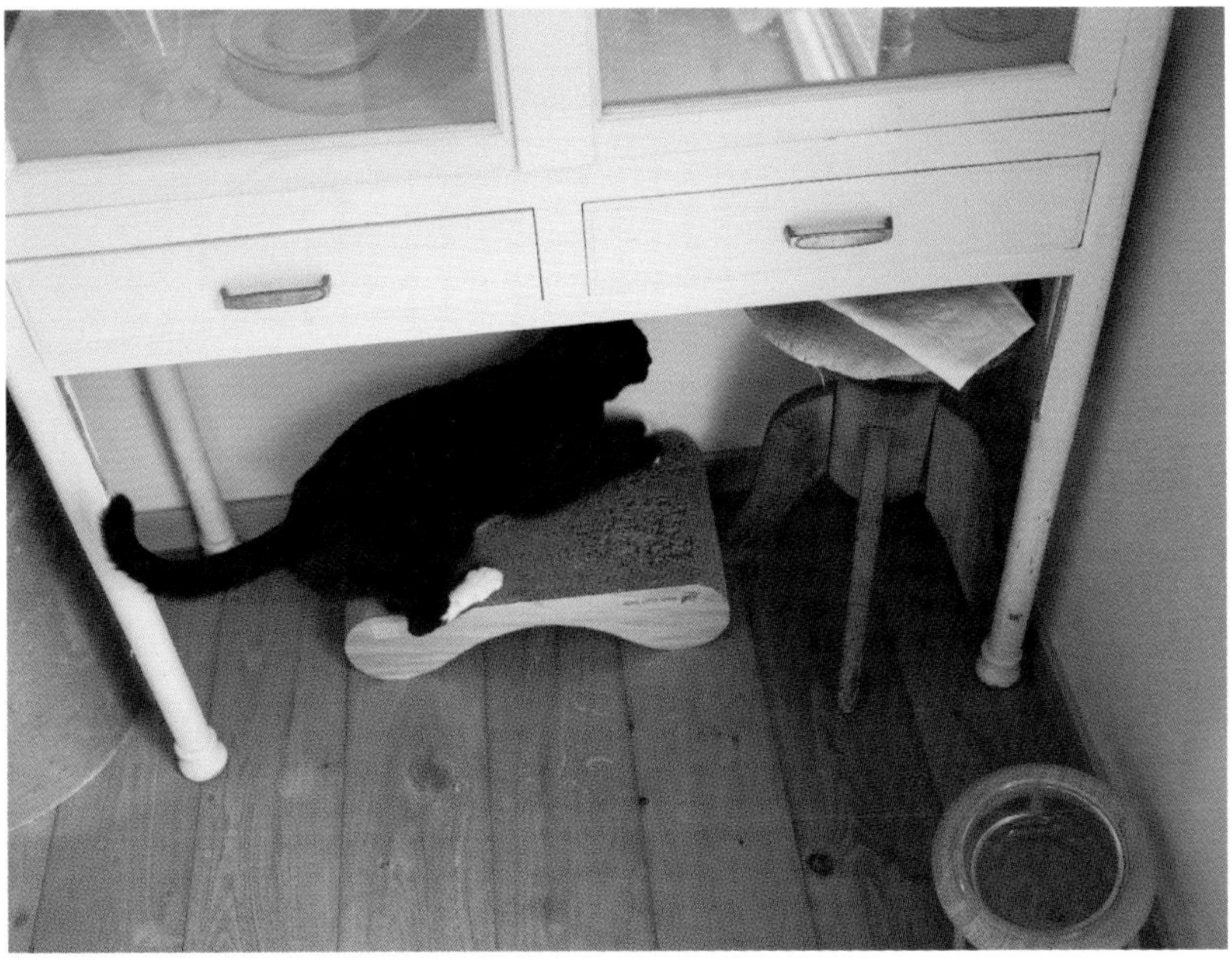

過ごす

爪とぎは食器棚の下にひとつ。「あとは、一脚だけすごく好きな椅子の座面をカリカリしています。その椅子だけは好きにしてよし、と」。野良とは思えないほど人懐っこく、いつも誰かの膝の上で過ごしているのだそう。

網戸に出入り口を取り付けたものの、未だ使ってもらえていないそう。グルーミングはグローブタイプを使用。

トイレ

階段の踊り場にトイレを設置。「もういいよっていうくらい砂を撒き散らすこともあるので、1階にいてもすぐに掃除できます」

Column 3

フードボウル・テーブル

食事を楽しむためには器選びが大切なのは、猫も一緒。食べやすい高さのものや、遊びながら食事ができるもの、機能性に優れた最新式などが揃いました。

1

2

3

4

1

日本の「お膳」をモチーフにしたボウルとスタンド。食べる量に合った大きさのボウルと、姿勢に負担のない高さのスタンドを使うことで、楽な姿勢で食べられます。モダンなデザインで、全9色からインテリアに合わせて選べるのも嬉しいポイント。瀬戸・美濃で作られた陶器の浅皿、深皿、強度の高いステンレス皿の3種類。FoodStand(S)／7,700円(税込)※写真はいちばん小さいサイズ／PECOLO／045-580-1650

2

側面の穴からドライフードを取り出して食べるというフードツリー。遊びながらも、食べ過ぎや早食いの防止に役立ちます。難易度は変更可能で、飽きずに毎日の食事を楽しめます。食べこぼしの受け皿があり、土台も倒れにくいつくりになっているので、散らばる心配もありません。Catit フードツリーN／オープン価格／ジェックス株式会社／072-966-0054

3

粘土を作る工程から一貫して行う窯場を持つ出西窯。柳宗悦など民藝運動を牽引した人たちの指導を受けて発展した窯元です。その陶工が、食事をうまく摂れなくなった晩年の愛猫を想って生み出した食器。食べやすさと吐き戻しの防止を考え、高さや大きさを細かく計算して焼き上げています。出西窯らしい美しい艶のある深い色みが特徴。黒、呉須、飴の3色。キャットボウル／6,600円(税込)／出西窯／0853-72-0239

4

福岡県大川市の家具メーカー「広松木工」と、猫への"偏愛"を発信するプロジェクト「Cat's ISSUE」がコラボしたキット式のテーブル。自身で組み立てながらペイントすれば、オリジナルテーブルになります。猫が食べやすい高さに合わせた設計。約横30 × 奥行16 × 高さ15cm。CAT'S TABLE KIT／7,480円(税込)／Cat's ISSUE／online@cats-issue.com

5

獣医師の監修のもと、猫の首や体の負担を軽減し、楽な姿勢で食べられる緻密に設計されたテーブル。猫目の形にも見える磁器製食器は、ヒゲが当たりにくい形状を追求しています。人間のテーブル同様に、ウレタン塗装で防水・防汚効果も施してあります。電子レンジ・食洗機対応で手入れも楽。KARIMOKU CAT TABLE／22,220円（税込）／カリモク家具株式会社／0570-028-562

6

猫用フードボウルと飼い主が食卓で使うプレートのセット。家族としてつながりを感じられるよう同じデザイン、色になっています。猫のフードボウルは深さがあるのでウォーターボウルとしても。益子焼のネイビー・ライトグリーン・飴色、やちむんネイビーの全4種。愛猫とお揃いの陶器「Tsunagu（つなぐ）うつわ」Tsunaguうつわセット（プレート・フードボウル）／やちむんネイビー10,300円（税込）／CAThreee／cathreee@gmail.com

7

遠隔操作で外出先からでもごはんをあげることのできる給餌機。スマホと連動していて、1日4回までタイマー設定ができ、10g単位で量の設定をすることができます。また、見守りカメラ付きなので、外出先から愛猫の姿を確認・撮影をしたり、話しかけたりすることも可能。カリカリマシーンSP／17,800円（税込）／うちのこエレクトリック／050-5490-8060

8

浄水機能と噴水式の循環で、いつでもおいしい水をあげられます。不純物を取り除く自動除去モードも搭載。静音にこだわったポンプと、やさしく滑らかな水流でとても静か。ステンレススチール製のウォータータンク、トライタン製のトレイで衛生的。停電時にも単4電池（別売）で約7日間作動。PETKITドリンキング・ウォーターファウンテン3／16,500円（税込）／PETKIT／0120-880188（販売元：ダッドウェイ）

5

6

7

8

猫が遊ぶ姿は、いつだってかわいい。猫も飼い主も楽しい時間を過ごすために、さまざまなおもちゃを集めました。遊びながら運動もでき、ストレス発散できれば一石二鳥です。

Column 4

おもちゃいろいろ

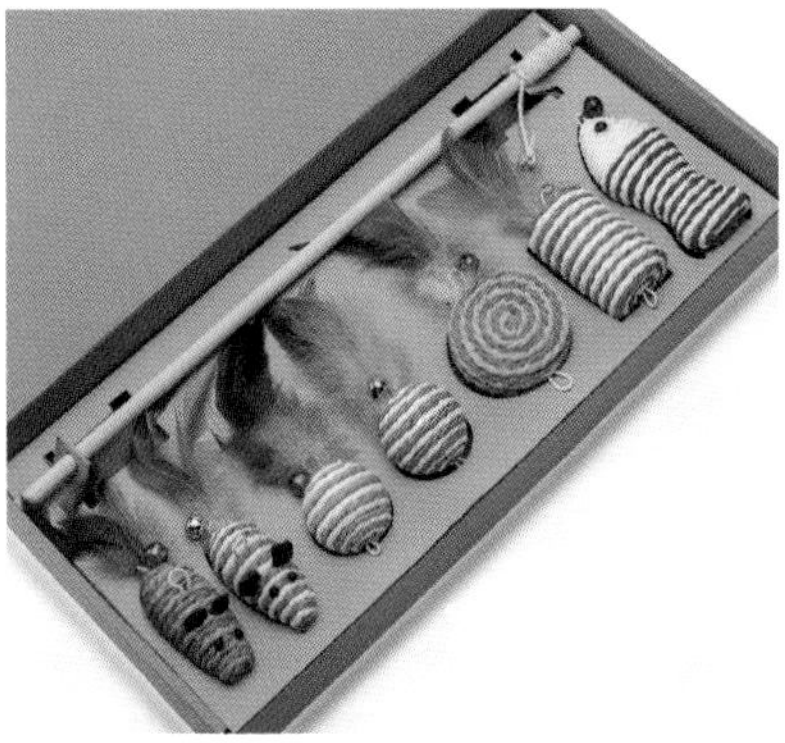

1

2

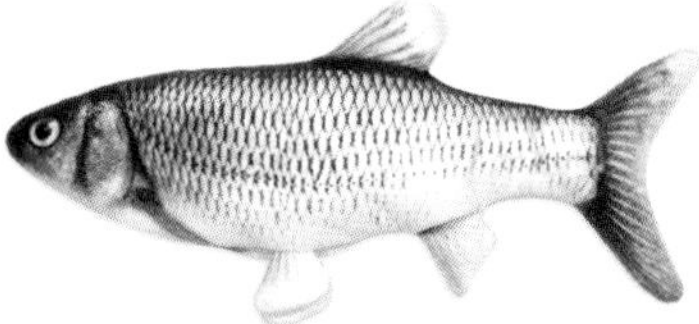

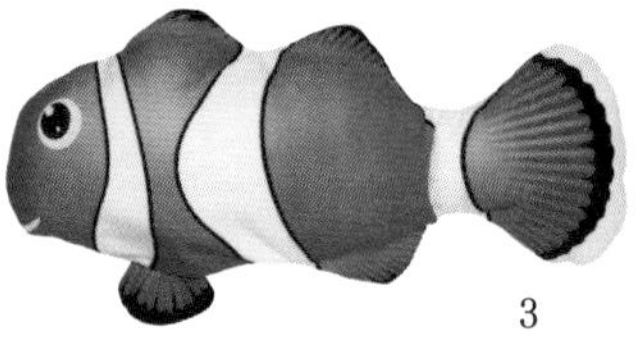

3

4

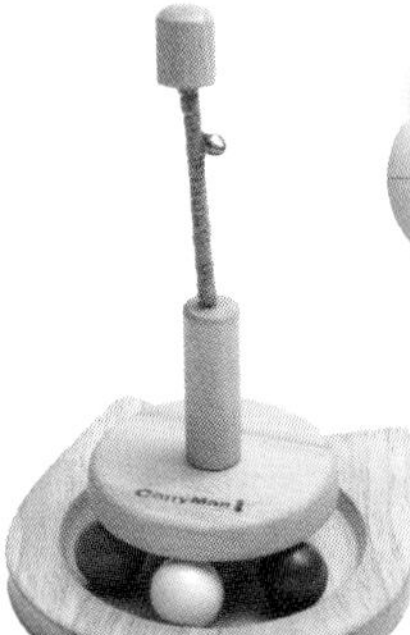

5

6

1

鳥の羽根、鈴が付いた交換用おもちゃ7個と、釣竿が入ったセット。7個すべて色、形が違うので、猫の気分などで取り替えられます。おもちゃは堅めな質感なので、噛んだり踏んだりしても形が崩れにくくなっています。プレゼントを想定したしっかりとしたかわいい箱に入っているので、猫友さんへのギフトにしても。猫じゃらボックス／2,380円(税込)／猫の友社／06-6282-7126

2

穴の中をコロコロと転がるボールを追いかけて遊べます。3色のボールは猫にも色の違いを目で見て分かるカラフルな色を採用。鈴が入った赤色と青色からは鈴の音がして、キャットニップが入っている緑色のボールからは猫の好きな香りが。上部は爪をとぐこともできます。ニャンコロビー サークル／オープン価格／有限会社エイムクリエイツ／048-971-8114

3

見た目も動きもリアルなおもちゃ。魚の動きを3パターンで再現して猫の狩猟本能を刺激。スリスリしたり、叩いたり、蹴ったりした衝撃をセンサーで検知して動き出します。動きはスイッチでオン・オフを切り替え可能で、オフにして蹴りぐるみや枕として使うことも。ウグイのほかクマノミも用意。ダンシングフィッシュ　ウグイ／3,190円(税込)／株式会社貝沼産業／052-771-1811

4

「お部屋の中にそら模様を」をテーマにデザイン。オーガニックコットン100%で職人が丁寧に手作りしている日本製です。抱きかかえて"猫キック"するのにちょうどよい大きさ。またたびやキャットニップなどを使っていないので、安心して噛んで遊べます。ふわふわの気持ちいい肌触りなので枕にも。cloud ～雲～／2,200円(税込)／necono／info@ola.co.jp

5

ボールとの追いかけっこを楽しめるかわいい天然木のおもちゃ。つかめそうでつかめないコロコロ転がるボールに夢中で遊んでくれそう。シッポの先と3個の木玉にはまたたびが入っています。組み立ても簡単で、インテリアにも馴染むナチュラルな色合いです。ウッディーキャットーイ　グルグル玉ころ／オープン価格／ドギーマンハヤシ株式会社／0120-086-192(お客様窓口)

6

くるくる回る電動ねこじゃらし。最大約3時間の連続稼働ができ、90分おきに10分可動する自動運転モードを搭載。本体の猫耳部分がピカピカ光るのもかわいい。夜間や静かな室内でも使える静音設計。ホワイト、ブルーの全2色。BENTOPAL「COLORFUL CAT TOU P02」／2,750円(税込)／LEPLE Co.,Ltd／0120-98-1511(販売元：GMPインターナショナル)

3

リノベーションやＤＩＹで、猫が喜ぶ部屋づくり

キャットウォークや小さな出入り口など、
猫のために考えた工夫を取り入れているお宅です。
リノベーションした家もあれば、
自分たちの手で作っている家も。
猫のためでありながら、
喜ぶ猫を見たいという飼い主のためでもあるようです。
愛がつまった工夫のあれこれ、ご覧ください。

11

巻田さんと「うい」・「おん」

脱衣所に続くドアには、2匹のために作った小さな出入り口。奥にトイレを設置しているので、
LDKから自由に行き来できるようにしています。「ニオイ対策を考えて、換気扇の下にトイレを置くようにしました」

右の引き戸から収納スペースへ続きます。「2匹が開けられるようになってしまったのですが、念のために両側から鍵をかけられるようにしておいたのでよかったです」

Profile

巻田勇輔さん　@uion.tokyo

プロデューサー。パートナーの水谷さんと二人暮らし。2年前に築50年の団地をリノベーションし、愛猫2匹とともに暮らしている。白黒がういで、茶色の長毛がおん。

Data

60㎡／ワンルーム＋2S

分譲マンション

巻田さんのお宅に入って驚くのは、まさに猫のための家と呼べる造作が施されていること。壁には階段状、天井にはぐるりと走り回れるキャットウォークが設置されています。そこを楽しそうに駆け上がったり走り回ったり、横たわってくつろいだりしているのが、ういとおんの2匹です。

巻田さんがここへ引っ越す前から一緒に住んでいたのがうい。「出張で行った沖縄で捨てられていた子猫でした。風邪をひいていたのか鼻のまわりがグジュグジュだったので動物病院へ連れて行ったんです。そのまま一旦は東京に戻ったのですが、どうしても忘れられなくて。引き取ることにして、また沖縄まで行ったんです」と、巻田さんは懐かしそうに話します。

1匹だけでは寂しいだろうと、いずれは2匹目を飼いたいと考えていたと言います。それならばと、この団地を購入してリノベーション。猫と暮らすための造作を考え、完成したのちに保護猫だったおんを迎え入れることになりました。

「おんは、とにかくやんちゃ。脚力もあるし、激しい遊びばっかりするので、このリノベをして本当に良かったと思っています」と、キャットウォークを走り回るおんを見ながら話します。シンプルな作りのキャットウォー

キャットウォークで好きにくつろぐ２匹。「リノベーションでいちばん最後まで迷ったのがこのキャットウォークでした。どこまでつけるか、どれくらいなら圧迫感がないのか、かつ、２匹が楽しめるようにといろいろ考えて。猫がいない場合は、本や雑貨を置いても違和感なく、便利に使えるデザインに仕上げています」

クですが、実は2匹がきちんとすれ違える幅にしてあったり、猫がいなければ収納として使えるデザインにしてあったりと、細やかなこだわりがあります。「いつかはここを売ることがあるかもしれないので、猫用ではありつつも、猫を飼っていない人にも使えるようなデザインを考えたんです」

もともと2DKだった間取りですが、壁を取り払って広々としたワンルームに。一面の窓から光が注ぐ明るい空間は、猫にとっては走り回りやすく、住み手にとっては開放感のあるLDKです。その一角にあるキッチンから続く脱衣所のドアには、2匹用の小さなアーチ型の出入り口が。「奥に換気扇があるので、2匹のトイレを置いているんです。トムとジェリーをイメージしてこの形にしました」と同居人の水谷さんが教えてくれます。

この広いLDKのほかは、ウォークインクローゼットと本やキャンプ用品をしまうストレージ、玄関まわりの土間があるのみ。「ゾーン分けするようにしたんです。というのも、2匹の抜け毛がすごいし、いたずらもするので、できるだけLDKにはものを置かないようにしよう、と。猫たちは収納スペースにはあまりいかず、もっぱらLDKで過ごしてもらっています」と巻田さん。収納ゾーンと、生

なぜか鏡の上にティッシュが。「おんがすぐいたずらしてしまうので、絶対に届かない場所に置いています」

A. リビングの一角は小上がりにし、季節外のものなどを収納できるようにしています。普段はここでみんなで就寝。**B.**「ソファは、座り心地のよさと、爪が引っかかりにくい生地を選びました」。「FLANNEL SOFA」のマイクロファイバースエードを使ったタイプ。

活スペースをきっちり分けることで、人間も猫も暮らしやすいようにしているというわけです。「ういと一緒に暮らすようになった頃から少しずつものは減って、おんが来てからは壊されちゃったりもしたので、さらに減りましたね。LDKは雑貨やグリーンを飾るのは諦めています」。細かいものがあるのは、キッチンの棚だけで、2匹が上れない高い位置に調味料や食材などを置いています。床に出しっぱなしなのは、2匹のための爪とぎと掃除ロボットのみ。「猫がいるおかげで掃除は楽だし、ものが少ない暮らしは身軽でいいなと思っています」と二人は笑います。

忙しく働いている巻田さんと水谷さんにとって、2匹の存在はとても救いになっていると話します。「帰ってきて姿を見るだけでホッとさせられます。朝起きていちばんに目に入るのが窓の外を見ている2匹だったりすると、幸せだなーと思って。テレビを見ている時にふとあったかさを感じて横を見ると、くっついていたりするんです」と話す二人をよそに、キャットウォークでは追いかけっこが始まりました。見ているだけで、こちらも自然と顔がほころんでしまいます。賑やかで、明るくて、楽しくて。人も猫も、心地よく暮らしている様子が伝わってきました。

デスクの天板をステップにすると、階段や上部のキャットウォークに上れるようなつくりに。壁や天井は躯体そのままで無骨な雰囲気。
「仕事を邪魔されることもありますが、いてくれるだけでありがたい存在です」

小上がりは畳敷きですが、特にいたずらすることなく、くつろいでいるおん。
暑い季節になってくると、冷たいテーブルの上で気持ちよさそうにするうい。広いLDKで思い思いに過ごしています。

食べる

洗面台の下がごはんの定位置。普段は「Exodar」の猫型のボウルにカリカリと水を入れて食べています。留守の時には「うちのこエレクトリック」の自動給餌器を使うことも。

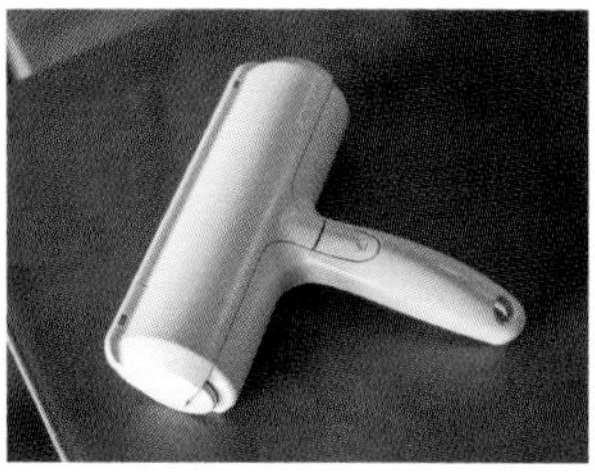

抜け毛が多い２匹。洋服やソファについた毛は「ぱくぱくローラー」を愛用。

トイレ

脱衣所の一角にトイレを設置。「もともと上部に換気扇があったので、リノベーションの時にここにトイレを置こうと決めていました」

ういが好きなフェルトボール。投げるとくわえて持ってくるのだそう。左は巻田さんが仕事で使うレーザー。壁に映すと2匹が喜んで追いかけ回します。

過ごす

基本的にはキャットウォークで遊びまわっていることが多い2匹。「昔は猫じゃらしとかいろいろおもちゃを買ってきては遊んでいましたが、今は落ち着いてきました」

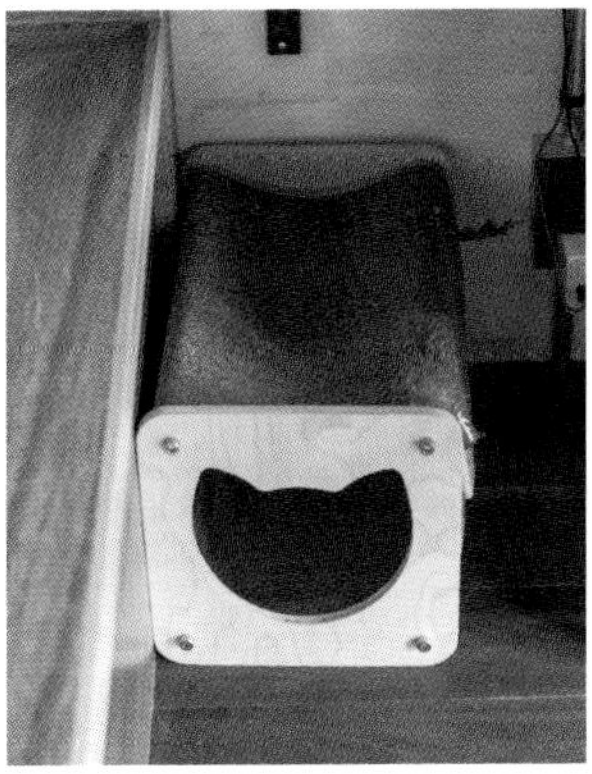

爪とぎはベッド兼用の丸い「エムクリエイツ」の色違いをテレビ横に並べています。さらに、デスク横には「YOGIPET」のトンネル型の爪とぎをひとつ。カーペットタイプでゴミが出ません。

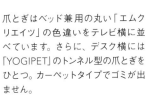

12

なっつ。さんと「ぷぅにゃん」・「ぽぽすけ。」

キャットタワーの上が大好きなぷぅにゃん。右の壁には、リノベーションで取り付けた室内窓があります。
ここから廊下をのぞき、行き来するなっつ。さんにチョンっと合図することも。

A.以前はいたずらっ子だったぽぽすけ。ぷぅにゃんよりも身体が大きくなり、風格も出てきたほど。「でも、今でもぷうにゃんには頭が上がらないみたいで、時々ちょっかいをかけては怒られてますね(笑)」。B.雑貨が好きななっつ。さん宅には、2匹のグッズもたくさん。友人の作家さんが作ってくれたオリジナルのマグカップ。

Profile

なっつ。さん

@punipopo

夫と二人暮らし。ぷぅにゃんとぽぽすけ。との暮らしをつづったブログが人気となり、2013年に書籍『ぷぅにゃん日和。』を出版。SNSでも2匹の様子は人気で、現在インスタグラムのフォロワーは3万人を超える。

Data

- 80㎡/3LDK
- 分譲マンション

リビングダイニングには、たくさんの雑貨やグリーンが並び、インテリアを楽しんでいる様子が伝わってくるなっつ。さんのお宅。まるで猫がいるとは思えないほど、細かい雑貨や倒されそうな花びんまで並んでいます。「よく驚かれるんです。壊されないの?って聞かれますが、ありがたいことに『ぷにぽぽ』は全然いたずらしないんですよ」。ぷにぽぽとは、ぷぅにゃんとぽぽすけ。という、エキゾチックショートヘアの2匹です。

10年ほど前から一緒に暮らしているのがぷぅにゃん。「最初から雑貨をいじったり、高いところに上ったりもしない子でした。ただ、私も仕事で外に出ていたので、帰ってくるまでごはんも食べずに待っていることがあったりして。1匹では寂しいんだろうなとは思っていたんです」。8年前に現在のマンションに引っ越し、すぐに2匹目であるぽぽすけ。を迎えることにしました。同じ猫種なので、似たような性格かと思いきや、最初は違ったと振り返ります。「ぽぽすけ。はカーテンに上ったり、ティッシュを出してボールにしたりといたずら坊主でした。それをパシッと叩いてスパルタ教育してくれたのがぷぅにゃんなんです」。以来、ダメなことを覚えて、今ではすっかりいたずらしなくなったのだそう。

2匹はともにダイニングチェアくらいの高

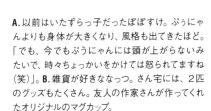

ソファは2匹が爪を引っ掛けたりしないよう、革製をものを選んでいます。左の壁は、黒板として使える壁紙を自分たちで貼って、カフェのような雰囲気に。

A. キッチンクロスも愛猫家らしいセレクト。**B.** 廊下の壁には2匹の写真を飾って。「写真だけだと浮いてしまうので、ファブリックパネルなどと合わせています」**C.** 棚の上に2匹が乗ることはないので、好きな花や雑貨を楽しむスペースに。

さまではジャンプできるものの、それ以上の高さはステップがないと上れません。もともと雑貨が好きなっつ。さんは、2匹の邪魔にならないよう、棚やキッチンカウンターの上に好きなものを飾って楽しむようにしています。

激しい動きのない2匹ですが、もっと家での生活を楽しんでほしいと3年前に簡単なリノベーションをすることに。リビング横の部屋の壁に、専用の室内窓と小さな出入り口を付けて、新しい動線を作るようにしました。「キャットタワーやトイレを置いているので、そこへの行き来にもっと変化をつけたくて。2匹とも窓から顔を出したり、小さなドアから出入りしてくれるようになって、見ている私まで和ませてもらっています」

ふと棚を見ると、小さなカメラが。「留守にする時にあったら安心だと思って付けたんですが、少し前にぷぅにゃんが体調を崩した時にはすごく助かりました」と言います。体重が減ってしまったものの、原因がわからずにいました。カメラの録画を見てごはんをどれくらい食べているのか確認することができ、獣医さんにもその様子を伝えて相談することができたと言います。また、体重計を兼ねたタイプのトイレを使っていたことも、助けに

A. 2匹そっくりの人形の横には、留守中の様子を見られるカメラが。**B.** リビングテーブルの下のかごには、グルーミングや掃除道具をまとめておき、気が付いたらすぐに取り出せるようにしています。

C. リノベーションの際に作ってもらった室内窓。洗面所や廊下を見ることができるので、2匹ともお気に入りです。**D.** こちらもリノベーション時に作った出入り口。大工さんに赤いドアを頼んで取り付けています。

なりました。「なんだか調子がおかしいなと思ったら、体重が減っていることがわかって。話せないぶん、飼い主が気づいてあげなければならないですもんね」。幸い、その後は食べる量も増えて今ではすっかり回復したのだそう。

　安心してぷぅにゃんを探すと、キャットタワーの上ですっかりくつろいでいる様子。一方、ぽぽすけ。はリビングテーブルの上でのんびり。「兄弟というわけではないので、適度な距離を保って同居している感じ。なので、それぞれが気にいる場所を作るようにしています」。インテリアになじむよう、収納のために買ったかごはいくつかがベッド代わりになっていて、さらにはテイストを合わせたベッドも置いてあったりします。「これだけかごがあるのに、2匹そろっていちばん好きなのがこれなんですよ」と見せてくれたのは、水が入っていたという袋。「音や硬さが好きなんですかね……。へたったらかわいそうなので、ぷにぽのために夫婦で頑張って水を飲んでいます(笑)」。

　インテリアを楽しみつつ、あちこちにさりげなく2匹の居場所が作られているのはさすが。なっつ。さんの大きくて深い愛情の賜物なのです。

「2匹とも、自分でジャンプできるのは椅子の高さまでなんです」。
そのおかげで、ダイニングの棚やキッチンカウンターには雑貨を置いてもいたずらされずに楽しめています。

12

なっつ。さんと「ぷぅにゃん」・「ぽぽすけ。」

食べる

ごはんや水には「Classy Bowl」などの高さのある器を使っています。「高さが足りない器は、ベッドやボックスの上に乗せています」。上の写真の小さなピンクの器はぽぽすけ。用。「小さい頃に使っていた器が好きなので、重ねています」

寝る

２匹がよく過ごす部屋には「IKEA」の小さなベッドを。「ベッドだけだと安定して寝られなかったので、かごを乗せて使っています」。リビングには上部がベッドとしても使えるキャットハウスを置いています。右下が２匹が大好きな水の袋。

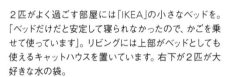

猫じゃらしのほか「猫壱」の電動おもちゃも。「性格的に2匹ともあまり激しく遊ぶことはないのですが、おもちゃは大好き。特に電動おもちゃは、自分でスイッチを押すくらい気に入っているようです(笑)」

過ごす

キャットタワーはリビング横の部屋に木製のものを1台と、寝室の窓辺にも設置。「外を見るのが好きで、よくここに上って眺めています。自分たちで窓の高さまでは飛べないので、ステップも必ず置くようにしています」

トイレ

アプリで体重や尿の量や回数を記録できる「toletta」のトイレを愛用。「これのおかげでぷぅにゃんの不調にもすぐに気がつけました」

13

坂本さんと「トト」

店舗の奥にはコンパクトなダイニングキッチンがあります。上部の棚はトトにとってのキャットウォーク。
「ここから急に飛び降りることもあるので、テーブルの上はものを出しっぱなしにしないようにしています」

A. 冷蔵庫の上も、トトの大好きな場所。ぐるりと上部の棚を回って、ここでゆっくりすることが多いそう。「よくこうやってかごの上でゆっくりしてますね」**B.** 先住猫のひじきのために作った引き戸の出入り口。「ひじきは結構大きな猫だったので、このサイズに。トトの方が小さくてスムーズに出入りできてるからよかった（笑）」

A

B

Profile

坂本眞紀さん

@musubi_work

生活道具の店「musubi」の店主。夫と娘の3人暮らし。商社やインテリアショップを経て、自身の店をオープン。夫で建築家の寺林省二さんが設計した自宅兼店舗で商品を販売するほか、展示会やワークショップなども手掛けている。

Data

57㎡／2LDK

一戸建て

国立市の商店街に建つ一軒家。1階の手前は生活道具を扱う雑貨店、その奥と2階が住居という場所で坂本さんは暮らしています。夫で建築家の寺林さんが設計した住まい兼店舗で、娘さんと愛猫トトも一緒。この家に住み始めた当時は、先代猫のひじきが暮らしていました。家を建てるにあたって猫のために作ったのは、キッチンの壁の下に窓をつけることと、2階の引き戸に専用の出入り口をつけること。「ひとまず、それくらいでしたね。それ以外は暮らしながら整えていけばいいかと思って」と、寺林さんが振り返ります。しばらく、ひじきがこの家で暮らしていましたが、やがて息を引き取ることに。「いつかまた猫をと思っていたら、子猫を保護したよという話を聞いて。ちょっと見に行くだけ、と思っていたのが、会ったらもうたまらなくかわいくて、引き取ることになったんです」

かくして、寺林さんが考えた低い窓や小さな出入り口を引き継ぐように、トトが一緒に暮らすことになりました。

高い場所が好きで、どこにでも潜り込んでいくトト。まず、坂本さんはトトが好きな高い棚には、落とされても大丈夫なものや、軽くて壊れにくいものを置くようにしました。「特にキッチンは、収納場所を増やすために高い位置に棚板をつけていて、トトにとっては

A. 2階の本棚や梁などもトトにとっては楽しい遊び場。「足が乗る場所ならどこでも行けてしまうので、ここでも高い位置には軽いものを置くようにしています」。
B. よく階段からダイニングを見下ろしているトト。「家族でご飯を食べているのをじっと見ていたかと思うと、おもむろにかごを落として何かをアピールすることもあります」

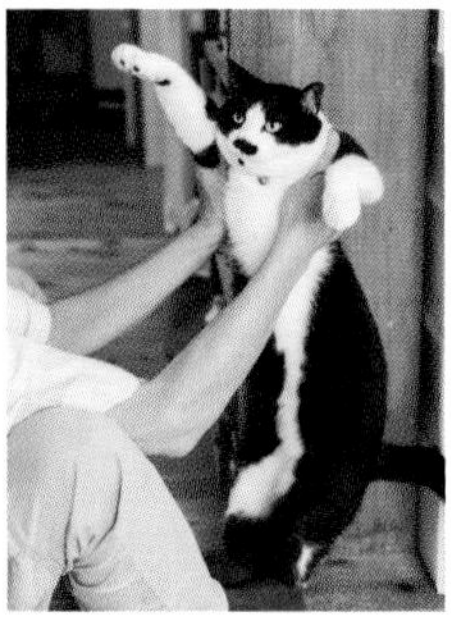

2階のリビングにある柱には、娘さんとトトの成長記録が。測った年と名前が書かれています。猫の身長をどう測るのか不思議に思っていたら、寺林さんが実践してくれました。

いいキャットウォークなんです。かごやざるなら、もし引っかかって落ちても壊れないので安心だな、と」。逆に食器は、トトが上りにくい形状の食器棚に置くようにしました。棚板に足をのせるすき間がなければ上らないので、器を壊されることはないのだそう。

「あとは、花ですね。飾っていると必ず倒すので、置くのはやめました」。壁に吊すタイプにして、トトが届かないようにしています。ふと「そういえば」と寺林さんがさっと外へ。戻って来た手には、いわゆる草の猫じゃらしが何本も。トトの目がキラッと輝き、嬉しそうにじゃれ始めました。花を飾っておいたら大変なことになるのは想像がつくほど。

トトは、このように家族みんなと遊ぶのが大好きなのです。「人懐っこくて、店に来るお客さんにも興味津々。店の前を通る小学生にも人気なんですよ」と坂本さんが教えてくれます。基本的に商品が並ぶ店内にいることはありませんが、お客さんが猫好きだったりすると、トトは看板猫として活躍しているのです。一方、猫じゃらしに飽きたトトは、壁で爪をとぎ始めています。爪の先の壁には、木製のカバーがついていて、なんとも使いやすそうな爪とぎスペースになっています。「これ、オリジナルで作ってみたんです。爪とぎは別

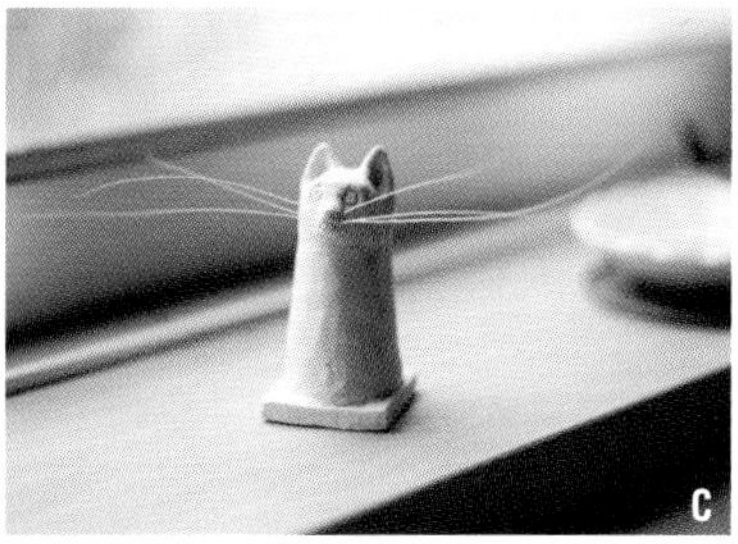

A. ダイニングスペースから、看板猫として店をチェックするトト。**B.** 通称猫じゃらし、エノコログサが大好きでじゃれまくっています。**C.** 作家大島奈王さんの作品で、抜けたヒゲを刺して保管できるもの。坂本さんの店で取り扱い中です。**D.** 食器棚の上段で気持ちよさそうに居眠り。足がのれば入り込むということがよくわかります。**E.** 食器棚を置いているキッチンの壁は、下に窓が。「ここにごはんを置こうと決めていたので、外を楽しめるように窓を設置しました」

にあるんですけど、トトはどうしても壁で爪をといじゃう。それならそこに爪とぎをつけてしまえ、ということでこれなんです」と寺林さんが見せてくれます。知り合いの家具職人さんに頼んで作ってもらったという木製のカバー。ちょうど2階に取り付けるところだったというので見せてもらいました。階段の脇の柱には、見事にトトが引っかいた跡がついています。そこにかぶせるようにカバーをネジ止めするだけで、いい爪とぎコーナーができました。「叱ってもしょうがないこともありますからね」と言う寺林さんに坂本さんも続けます。「ダメなことをしたら『こら!』と言うけれど、トトにとっての安全地帯に逃げ込んだらそれ以上は怒らないようにしています」

トトが過ごしやすいようにDIYで整えながら、暮らしを作ってきた坂本さんと寺林さん。先住猫のために作ったものを受け継ぎながら、トトは自由に過ごしているのでしょう。ふと見ると、2階の柱には、毎年、娘さんの身長を測ってきた跡があります。その下には「トト」という文字も。「娘が自分だけじゃなくてトトも言って、毎年測ってるんですよ」と笑う二人。この家には、家族と猫の歴史がしっかりと刻まれているのです。

猫らしく、高いところが好きなトト。
「鍋やボウルを触ったりしても、洗えばいい。トトも家族の一員なので、好きに気持ちよく過ごしてくれたらいいなと思っています」と坂本さん。

食べる

ごはんの器は、爪とぎと同じように家具職人さんに作ってもらったオリジナル。「家族の誰かがごはんをあげていると、どれくらい食べたかわからなくなるので、カリカリはその日食べるぶんだけ小分けにしています」

寝る

夜、家族みんなが眠る頃にトトも自分の寝床へ入ります。クローゼットの中のかごが定位置。「底上げしてあるかごなので、涼しくて寝心地がいいようです」。日中は１階にあるケージの中やその上のかごでウトウト。

トイレ

換気やニオイのことを考えて、家族のトイレの横にトトのトイレを設置。「パッと掃除できるし、横の洗面台で洗えるので便利です」

過ごす

遊ぶのが好きなトトですが、少しずつおもちゃの量は減ってきました。それでも大好きなのがウォンバットのパペット。「これは寝床にも持っていくくらい好きみたい」

白い爪とぎは、トムとジェリーをイメージして寺林さんが企画したもの。

A. 階段脇の白い柱には、トトがガリガリ引っかいた跡が。**B.** 道具を出してきて、いざ爪とぎコーナーを作ります。**C.** 木製のカバーをつけてネジ止めするだけ。**D.** 1階に取り付けてある爪とぎは、トトによってかなり年季が入ってきました。

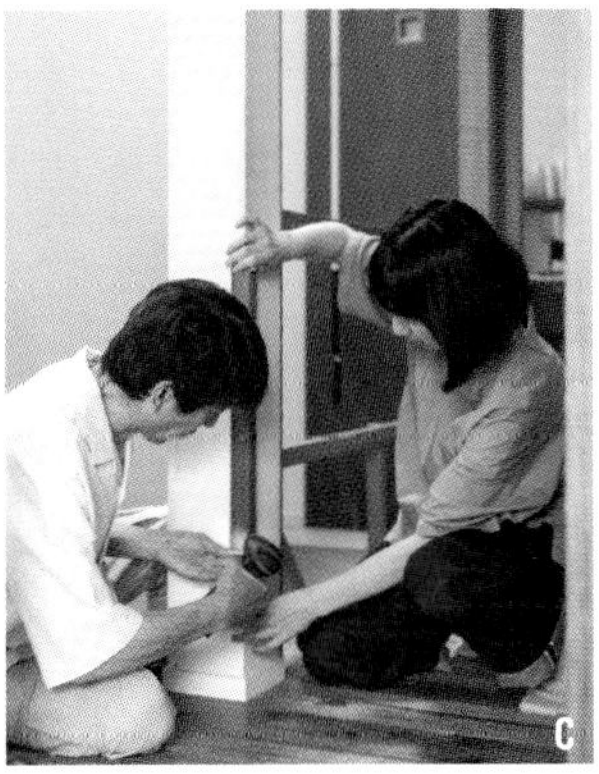

14

asakoさんと「しろ」・「くろ」

リビング横の仕事部屋に、2匹のごはんスペースやキャットタワーなどがあります。「疲れても、そばにいてくれると和めるんですよね」。ときどき仕事の邪魔をされながら触れ合えるのも、猫との暮らしの醍醐味。

A. キリッとした表情のしろ。B. リビングにはソファは置かず、ダイニングテーブルだけで広く使っているasakoさん宅。2匹は、奥にある食器棚も難なく上れるので、大切な食器は扉付きの棚にしまうように。「トースターの上には2匹が入れないように高さの狭い棚を作ったものの、手を入れて食器を出そうとしてしまう。手前に木片をつけたら引き出せないので、いたずらしなくなりました」

A

B

Profile

asakoさん　@asako__kuma

デザイナー。石川県にて夫と二人暮らし。仕事のかたわら、「hibi hibi」として、日々の食事や掃除、休日の過ごし方などを動画として記録し、YouTubeで発信している。自然体な暮らしが人気で著書に『明日へのたね蒔き』（主婦の友社）がある。

Data

63㎡／2LDK
分譲マンション

真っ白な2匹の猫。尻尾が短く、すばしっこい雌が「しろ」で、長い尻尾を揺らしながら、おっとりとゆっくり歩く雄が「くろ」。2匹がasakoさんの家にやって来たのは、まだ生後3カ月くらいのころでした。「近所で保護された猫たちでした。それまで飼っていた猫が亡くなって、どうしようかと思っていたころに出会ったんです。小さくてガリガリの姿を見てしまって、もう、うちで引き取ろう、ということに」と振り返ります。それまで一緒に暮らしていた猫は1匹で、とてもおとなしい性格だったそう。椅子にすら飛び乗れないくらいで、特にいたずらすることもなく、asakoさんは自由にインテリアも楽しんでいました。ところが、この2匹は全く正反対。「最初は警戒していましたが、少しずつ慣れてくると、いろいろなところに飛び乗ったり、走り回ったり。想像以上にいたずら好きでした。飾っていた雑貨は落とされるし、食器も引っ張り出そうとするし。猫によってこんなにも違うのかと思い知らされました。慌てて大事なものはしまい込んで、いたずらされないようにしたんですよ」と笑います。

テーブルの上や食器棚、キッチンの棚などどんな場所にも興味を示す2匹の子猫。成長してもそれは変わらず、今でもasakoさんはものを出しっぱなしにしない生活です。

キッチンの作業台の上には、調味料や調理道具を置く棚を手作り。上に置いたものは、夜になると2匹がいたずらしてしまうことがあるので、寝る前に水切りかごへ。「調理する時は出しっぱなしが便利なので、寝る前にさっと掃除したついでに移動しています」

リビングの窓辺には、2匹が上れるように棚板を取り付けています。その下には爪とぎ用の古いベンチを置いて。「古道具なら、爪をとがれても気にならないのでおすすめです」

「どうやら、くろは、お腹が空くとそれを知らせるためにものを落とすようなんです。それはそれで仕方のないことですよね。私も、落とされたものを戻すのも面倒になって、飾らなくなったというのもあります(笑)。飾る雑貨は、倒されても大丈夫な軽いものにしたり、大事な食器は扉付きの場所にしまうようにしています。おかげですっきりした空間を保てていると思えばいいかな、と」

ただ、どうしても出しっぱなしにしておきたいのが、キッチンの道具や調味料。調理中は、asakoさんやご主人がいるのでいたずらはしないものの、夜になると、ちょんちょんと触ってしまうことがあるのだそう。「落とされては困るものは、毎晩寝る前に水切りかごにしまうようにしています。高い場所になければいたずらしないので大丈夫なんです」

2匹が来て以来、雑貨だけでなく、植物を飾ることも控えるようになりました。というのも、鉢植えをひっくり返してしまったことがあったのだそう。「気がついたら土が散乱していました。でも、子猫がいたずらしたいのは当たり前のこと。植物は飾らず、窓から見える外の景色を楽しめばいいか、と考えるようにしています」

また、どうしても壁で爪をといでしまって

C. 飾っているのは、倒されても落ちても壊れない雑貨にしています。**D.** 仕事部屋の本棚。「下段の単行本を手前に置いたら、奥の空いたスペースに2匹が入り込んでしまったので、本を奥にしました。手前の空いたスペースは乗ってもいいよ、としています」

A. 掃除機も使いますが、さっと手に取れるほうきとちりとりも重宝しているそう。「抜け毛やごはんの食べこぼしなども、気がついた時にパッと掃除できて便利です」。すぐ掃除できるように、2匹がよくいる仕事部屋に常備。**B.** 仕事机の上でのんびりくつろぐくろ。

いたことも悩みのひとつでした。壁紙が剥がれ、ボロボロになってしまっていたのです。そこで、思い切って全面漆喰を塗ることに。自分たちで材料を揃え、ＤＩＹで仕上げました。「引っかかりがなくなったせいか、もう壁で爪はとがなくなりました。漆喰の方が部屋の雰囲気も良くなったし、満足しています」と夫婦で笑います。そのほかにも、窓辺に棚板をつけて2匹が外の景色を楽しめるようにしたり、シンプルなキャットタワーを手作りして、運動できるようにしたり。オープンタイプの食器棚の手前に木片をつけて、食器を引き出せないようにもしています。自分たちができることを少しずつ取り入れ、しろとくろと一緒に暮らしを楽しめるようにしてきたことがわかります。

引き取られたばかりのころ、警戒していた2匹は、今ではすっかり我が物顔で歩き回っています。「最初に怖がっていたとは思えないくらい、うちに慣れてくれたんだなと思うと、本当に嬉しいです」。2匹のいたずらは、すっきりしたインテリアにするきっかけとなり、漆喰の壁を取り入れることにつながりました。我慢するのではなく、変化を楽しめばいい。asakoさん夫婦の暮らしは、これからも2匹と一緒に続いていくのです。

仕事部屋の一角にある2匹のスペース。テーブルの上のかごで寝たり、キャットタワーで遊んだり。トイレもここにまとめています。
「タワーは、好みに合うシンプルなものが見つけられなかったので、作ってみました」。支柱には麻縄を巻いて爪とぎにしています。

上はご主人がキッチンに行くと、ごはんがほしいと甘えるくろ。下は寝室で寝そべるしろ。暑い時期になると、
ベッドの下の涼しい場所で過ごすことが増えるそう。引き取られてきた当初は怯えていたとは思えないほど、くつろいでいます。

食べる

仕事部屋の一角にごはんの場所を設置。縁や高台が欠けてしまった器を使っています。「水は、『峠の釜飯』の器を再利用。焼き物として好きですし、重さがあって倒れないのですごくいいんです」。水は仕事部屋以外にリビングにも置いてあります。

寝る

トイレ

トイレは蓋付きとオープンなタイプの2つ。「2匹ともなんとなく使い分けていて、オープンで小を、蓋付きで大をすることが多いです」

収納に使おうと思っていたというかごが、2匹の寝る場所。「夏は暑いので、別の場所で寝ることも多いですが、冬は2匹が一つのかごに入っていることもあります。はみ出ちゃってるんですけど、それもかわいいんです」

やはり高いところが好きなようで、仕事部屋のキャットタワーの他に、寝室の窓辺には古い脚立を置いています。「窓の外を眺めるのが好きなので、よくここにいます」

窓辺につけたのは幅10cmほどの集成材。下のベンチに乗ってからここに飛び乗って外を眺めていることが多いそう。「壁は漆喰にしたので、爪とぎはベンチが多いですね」

2匹で遊ぶことが多いので、おもちゃはほとんど持っていないそう。唯一、小さな頃から好きなのが、ねずみの猫じゃらし。

15
森田さんと「アオ」・「ハル」・「メイ」

ガラスを割られてしまったという食器棚の上で堂々とポーズをとるアオ。
「天板は板を置いて割られないように。横のワゴンにも蓋をしてステップにしています」

ソファでくつろぐアオ。「ハルよりも神経質でメイにはピシッと注意するタイプですね」

Profile

森田めぐみさん　@marguerite289

書店員。夫と息子、娘の4人暮らし。夫の転勤で石川県や茨城県などで暮らした後、現在は東京都在住。もともと保護犬のレイルと暮らしていたところにアオとハルを引き取ることになり、今は子猫のメイを保護している。

Data

81㎡／6DK

賃貸一戸建て

森田さんのお宅は、じつに賑やか。というのも、一緒に暮らすのは、アオとハルという姉妹猫に、最近やって来たばかりの子猫のメイ。さらに3匹とともにはしゃぐ犬のレイルも。「子猫はひとまず保護しているんですが、すっかりなじんでますね。夫の肩に乗るほどなついているので、きっと飼うことになるんでしょうね」とおおらかに笑います。

そのおおらかさこそが、居心地のいい空間を作り出している様子。猫たちがものを壊してしまうことに対しても「そういう運命だったと割り切る」と言います。「もちろん、壊れてしまったら悲しい。でも、悪気があるわけじゃないですし、そもそも、猫たちはこちらの都合でずっと家にいるわけですから、譲れることは譲ろうと思っています」。飾りたい雑貨は、猫たちが上れない棚にまとめるようにする。上ってほしくない棚は、足が置けないようにもので埋める。猫たちが上りそうな場所には、壊れないものを飾る……そんな風に解決策を生み出してきました。

爪をとぐのもソファや棚を使ってよし。長い木を拾ってきて麻縄を巻いたものも、3匹は楽しそうに使っています。「市販の爪とぎも買ったんですけど、全然興味を示さないので諦めました。家具は安く自作したものがほとんどなので、爪とぎされてもいいというのが

A. 大きな長い枝をキャットウォークと床にねじで固定しています。姉妹猫はスルスルと上まで上っていきます。「麻縄を巻きつければ爪とぎにもなるし、気軽に使えるのでおすすめです」**B.** 階段に置かれた小さなボックスは、まだ段差に対応できない子猫のメイのために手作り。**C.** ボックスを使って上手に降りられるようになったメイ。**D.**「４匹も動物がいるので抜け毛とは毎日の戦い。すぐ手に取れる場所にコロコロを常備しておかなければなりません」

家族の考えなんです」。キッチンの真ん中に置いている大きな食器棚も、何枚かガラスを割られてしまって、アクリル板に変えているそう。「最終的に全部アクリルになっちゃうかもしれませんねぇ」と笑います。

ご主人の仕事柄、転勤族として引っ越しが多く、いつもその時の家に合わせて楽しんできたと振り返ります。平屋の一軒家やマンションなど形態は違えど、その都度手を加えて整えてきたのだそう。半年前に、今の家に引っ越してからも同じです。「家探しの時に、特に『改装可』という条件を入れていたわけではないんです。まず、多頭飼いを許してくださること、できれば一軒家でと考えていました。そのなかで見つけたのがこの家。大家さんとお会いしてお話ししていたら、手を加えてもいいと言ってくださって、本当にありがたいです」。床をフローリングにして、あとは住みながら手を加えることに。実際に暮らしてみなければわからないことはたくさんあるのだそう。例えば、玄関からすぐにリビングへと抜ける引き戸は人間にとって便利でも、猫や犬にとっては脱走のしやすさにつながります。「固定して開かないようにしました。簡単に玄関に行けないよう、別の部屋を経由するようにしています」。猫たちの動きを見て、

A. 猫たちが上れない棚は、ギャラリーのように好きなものを飾って。以前住んでいた近くの海で拾ったという石や流木、ガラスのものなどが並んでとてもきれい。**B.** リビングの柱に取り付けられた棚板。キャットステップとして大活躍しています。**C.** リビングの障子は、猫たちに破られないようプラスチック製のものに。さらに動物たちが外を眺められるよう、下段だけ透明のアクリル板にしています。**D.** 爪とぎをされてボロボロになってしまったソファの角は、余っていた布でリペアを。

キャットウォークや小さなステップをつけたり、ドアに小さな出入り口を作ったり。外を眺められるように障子の下段だけ透明にしたり。人間と動物、双方の暮らしを一緒に考えて、あれこれ工夫することを厭わない姿勢がわかります。

そんな飼い主の様子を知ってか知らずか、アオとハル、レイルも新しい家になじみ、自分たちの居場所を見つけています。「吊戸棚の中や、服の収納棚の一角に気持ちよさそうに入り込むんです。それならそこは君たちの場所ねと、かごやクッションを置いておくようにしています」。最近、家族に加わった小さなメイも、負けずにウロウロ。じつは、アオやハルにくっついて2階へ上がったものの、いざ下りる時には急すぎて足が出なくなってしまったのだそう。そんなメイのためには、小さなボックスを作って段差を解消することに。今では当たり前のように自由に行き来し、好きな場所で過ごしています。

次は、図書室のような部屋を計画中。下段に猫のトイレを組み込んだ大きな本棚を考えていると話します。トイレのカバーも作る予定だと嬉しそう。森田さんの家がどう変わっていくのか、猫や犬たちがどう反応するのか、これからも楽しみです。

リビングでくつろぐアオとハル。障子の横の緑の引き戸を開けるとすぐ玄関なので、脱走防止のために固定したそう。
「玄関に圧迫感が出ないよう、ガラス戸風にしました」

15

森田さんと「アオ」・「ハル」・「メイ」

食べる

玄関とリビングの間にある部屋に猫たちのごはんを。丸太や踏み台に乗せて高さを出しています。子猫のメイには低い位置にしているものの、下の写真のようなこともあり。ちなみに犬のレイルのごはんは、キッチン前を定位置にしてゾーン分けしています。

寝る

2階の寝室にある洋服棚やその下、さらには洗面所の吊戸棚と、それぞれに好きな場所がある猫たち。かごやこね鉢、クッションを置いてくつろげるようにしています。「冬になるとみんなベッドに乗っかってきて重いんですけどね」

過ごす

長押《なげし》の上は、板を固定してキャットウォークに。2階の寝室の障子は一部を張らずに通り道に。DIY好きで、テーブルなども自分たちで作っていますが、ソファは購入したもの。「動物の数が多くて抜け毛が目立つので、毛と同じ色のものを選びました（笑）」

ドアは一旦外してホームセンターに持ち込み、くりぬき加工を。フラップ式の板を取り付けて、立派な出入り口が完成。

トイレ

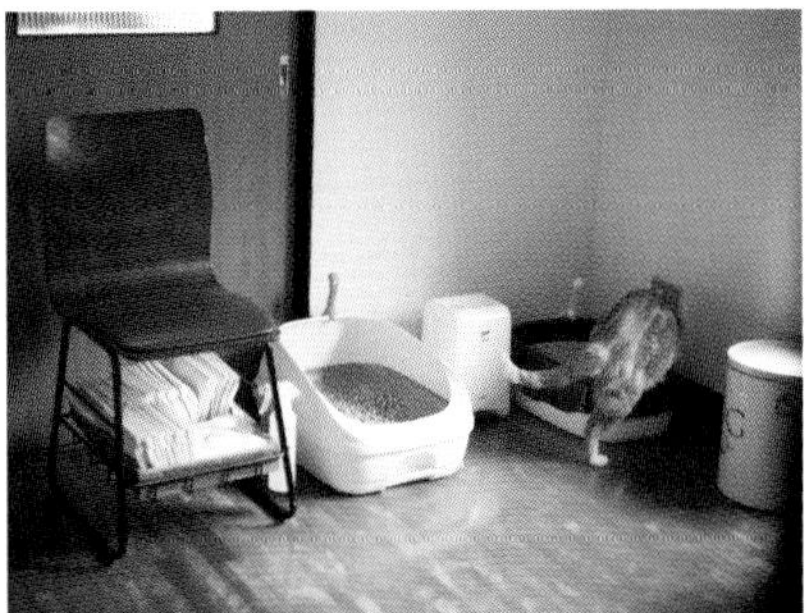

まだ仮の状態だというトイレは、玄関とリビングの間の部屋に。大きな本棚を作りつつ、トイレにもカバーを手作りする予定だそう。

猫は本能的にマーキングやストレス発散のために爪をとぐもの。専用のものを用意しておくと、お気に入りの家具や壁がボロボロにならずに安心です。

Column 5

爪とぎグッズ

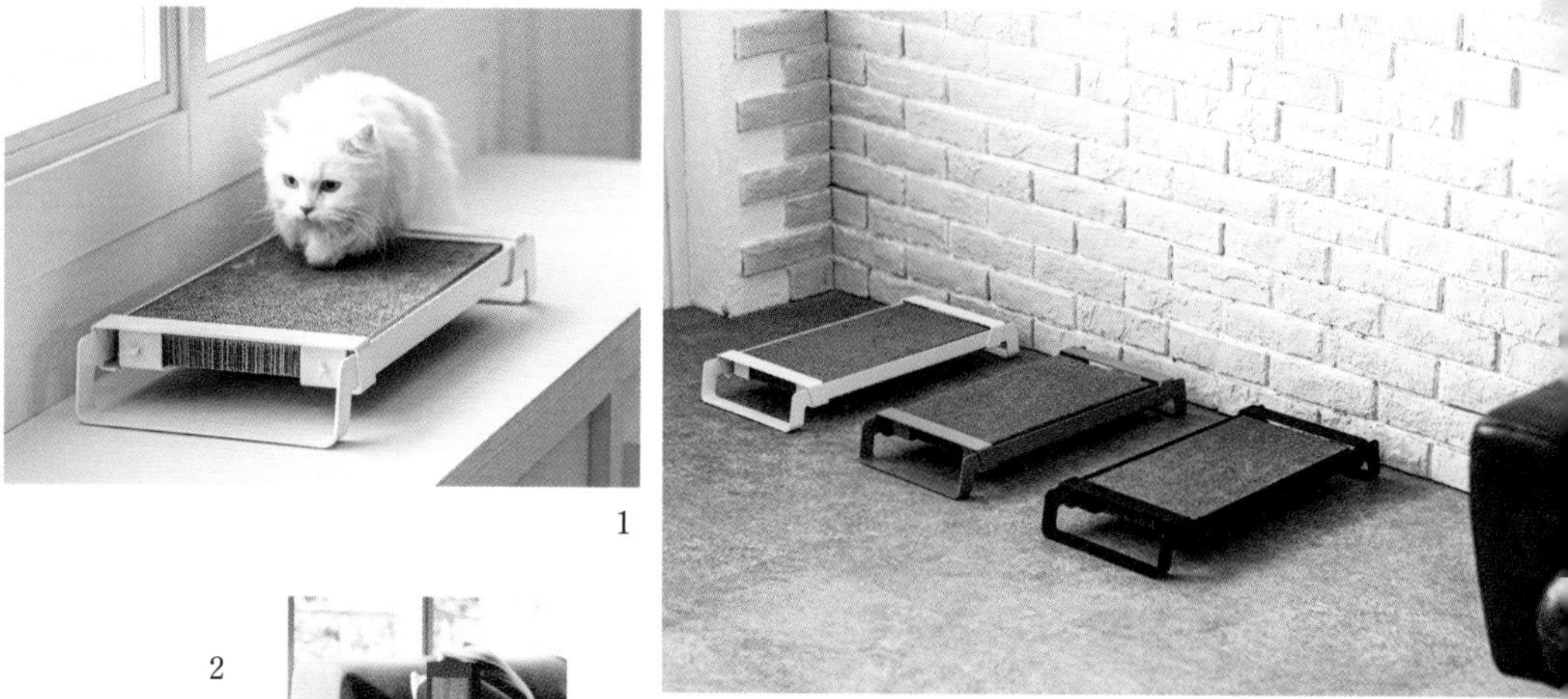

1

2

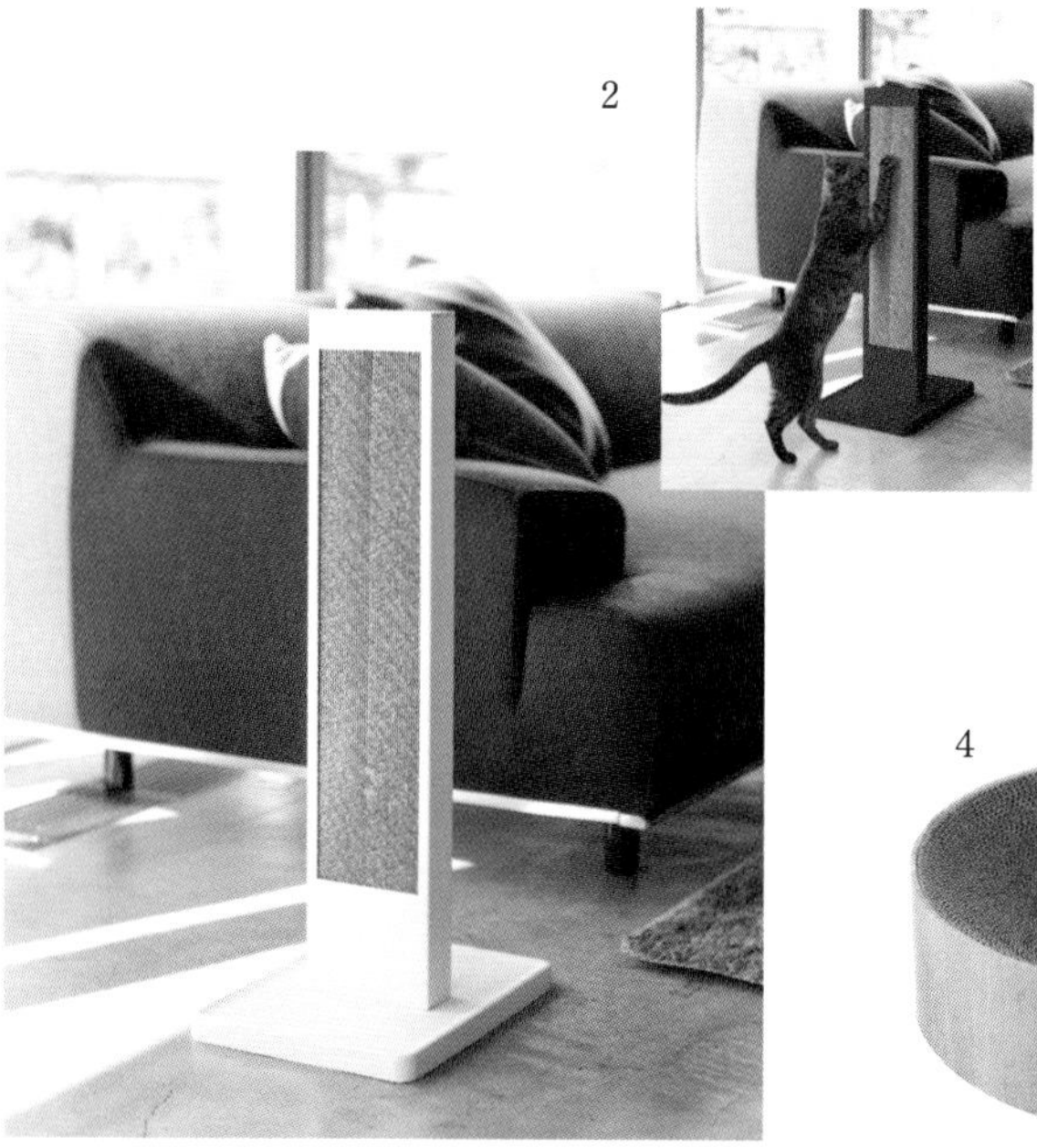

3

4

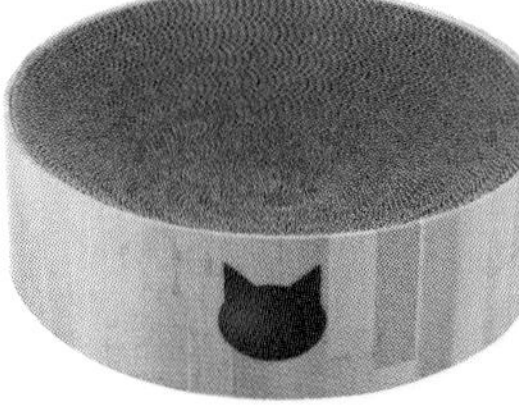

5

1

平置きタイプで、すっきりしたデザインが魅力の爪とぎ。フレームの塗装はシンナーを使用せず、環境に配慮したパウダーコーティング。猫がガリガリしても塗膜が剥がれにくく、退色しにくいので、長く使えます。取り換え用のボード(リフィル・またたび付属) 3枚付き。約幅57.5×奥行25.2×高さ7.7cm。全3色。Cat Scratcher H／17,600円(税込)／PECOLO／045-580-1650

2

猫が立ったまま背伸びをして爪とぎができるスタンド。どんなテイストのインテリアにも違和感なく溶け込みます。とぎカスは下のトレーに直接落ちるので、掃除も楽です。爪とぎ部分(別売) を上から差し込むだけなので組み立ても簡単。幅22×奥行29×高さ62.5cm。ホワイトとブラックの全2色。猫の爪とぎスタンド タワー／4,950円(税抜)／山崎実業／0743-57-5068

3

まるで額縁におさめたエスニックなファブリックパネルに見えますが、れっきとした爪とぎです。ファブリック部分は、ちょうどよく爪が引っかかるつくり。床置きでも、壁にかけても、インテリアのアクセントになります。爪とぎ部分は取り換え可能。横22×縦58×高さ4cm。Nail Cat Inca／6468円(税込)／田口木工株式会社／06-6962-7777

4

丸形のすり鉢状で、猫の体に見事にフィットする爪とぎ兼ベッド。爪とぎ部分は植物由来の糊を使用して接着しているので、万が一、口に入ることがあっても安心です。軽くて移動しやすく、お手頃な価格なのも、人気の理由。直径40×高さ12cm。大きめの猫でも使えるサイズです。バリバリボウル猫柄／2,728円(税込)／猫壱／03-6258-0931

5

タワー全面が爪とぎに。カーブを取り入れることで、猫が好きな高い場所や狭いスペースを作ってリラックスできるようにしています。国産の段ボールのみを使用し、丈夫なつくりなので、爪とぎをしてもカスがほとんど出ません。幅59×奥行30.8×高さ90cm。キャットタワー・スヌーズ／12,100円(税込)／大国段ボール工業／0930-26-8282

Column 6

お手入れグッズ

自分での毛づくろいだけでなく、飼い主からのグルーミングが好きな猫もたくさん。コミュニケーションにもなり、体調管理にもつながります。

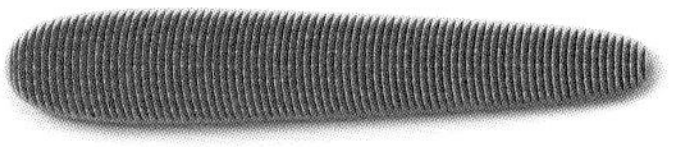

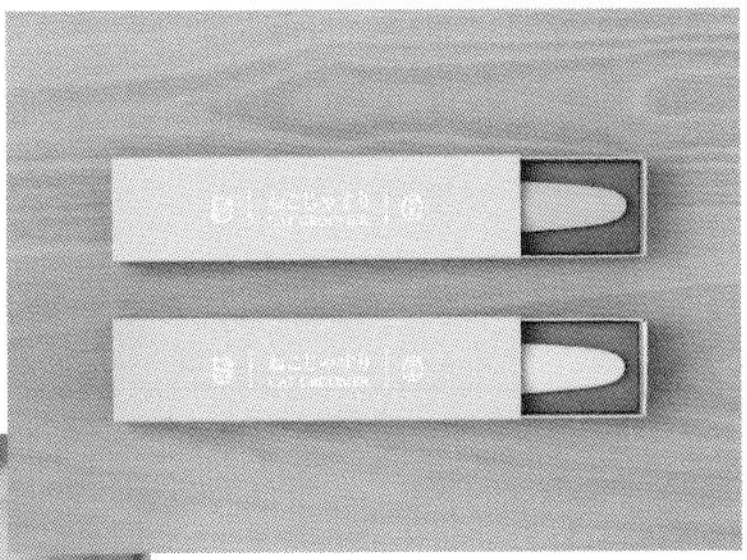

1

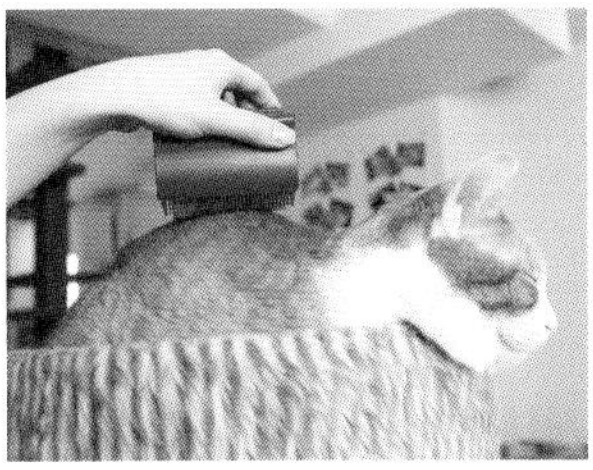

2

4

3

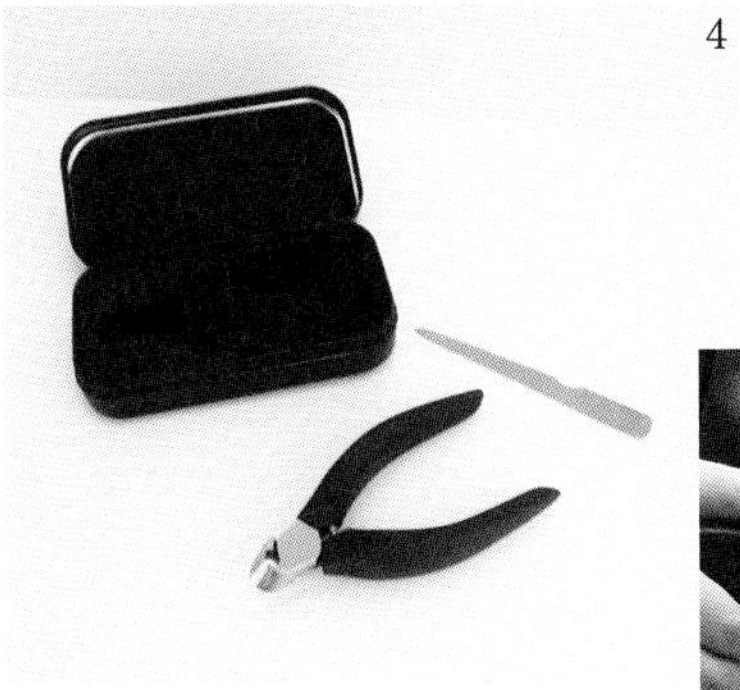

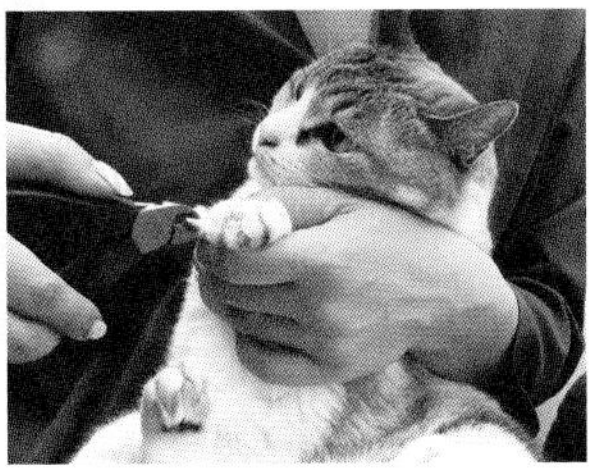

1

創業130年を超えるやすりメーカーが作った、猫のためのブラシ。ザラザラした細かなやすり面は“猫の舌”を見事に再現。猫が毛づくろいをする時と同じように毛をからめとることができます。猫同士では、お互いに舐め合ってコミュニケーションをとるもの。このやすりなら、猫と飼い主の間でもそんなやりとりを楽しめます。ねこじゃすり／3,850円(税込)／ワタオカ／0823-79-1520

2

グルーミング用のコーム型のカバーがついた粘着クリーナー。時には愛猫の毛づくろいに、時には抜け毛の掃除にと、1台2役の働きものです。ぱっと見、粘着ローラーとは思えないデザインなので、出しっぱなしでも生活感が出ずにすみます。オレンジブラウン・ベリー・ブルーグリーン・ブラックの全4色。付属のテープは2種類の絵柄があり。Groomo(グルーモ)／1,760円(税込)／OPPO／047-358-1201

3

ドイツ生まれの高級ブラシ。本体は天然ブナ材を使い、ブラシには天然豚毛を厳選し、職人がひとつひとつ手仕事で仕上げています。ほどよくコシがありつつも柔らかな豚毛は、切れ毛を起こしにくく、艶を与えてくれるのだそう。皮膚への当たりが優しく、マッサージするようにブラッシングすることができます。高級キャット(猫用)ブラシ／1,650円(税込)／REDECKER／customer@soluno.jp

4

刃物の産地である新潟県三条市にある諏訪田製作所(SUWADA)と共同開発した猫用爪切り。特徴は、猫の爪の形に合わせたカーブと、SUWADAの技術を駆使した抜群の切れ味です。ミリ単位で切ることができるうえ、切る時のバチンという衝撃が少ない設計。猫のストレスを軽減でき、スムーズに爪切りができそうです。ねこずきつめきり／11,000円(税込)／nekozuki／019-601-7892

トイレは、猫にとって使いやすいものであることはもちろん、インテリアの邪魔にならないデザインを選びたいもの。ニオイ対策やお手入れのしやすさなどを考慮したものもあります。

Column 7

トイレあれこれ

1

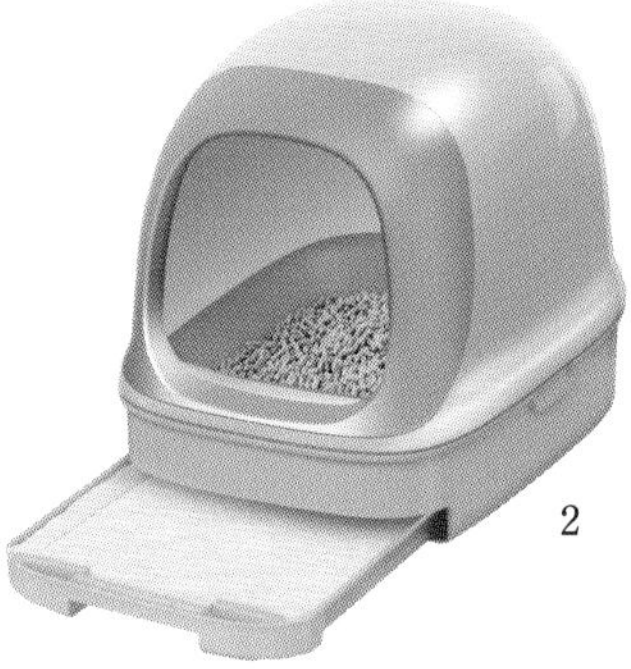

2

3

4

1

白い棚のように見えますが、じつはトイレとして使えるアイテム。下段に付属の折りたたみ式トイレを設置するだけでOKです。前面や側面、背面に通気孔があり、扉を閉めても空気が通るので安心なうえ、猫も視線を気にせずに使うことができます。撥水加工がされているので、汚れても掃除も楽ちん。幅62×奥行48×高さ78.2cm。MYZOO-OMEGA／40,700円(税込)／MYZOO／info@myzoo.design

2

「1週間取り換えなしでもニオわない」というキャッチフレーズのトイレ。その秘密は、オシッコで固まらない天然の針葉樹のチップと、下段のシートの二重構造。チップでウンチ・オシッコのニオイをしっかり閉じ込め、シートで1週間分のオシッコとニオイをパワフルに吸収します。本体は獣医師監修のもとで設計しているので、出入りもラクラク。オープンタイプもあり。約幅40×奥行55×高さ43cm。全2色。ニャンとも清潔トイレ／参考価格2,596円前後(税込)／花王／0120-165-696

3

排泄物を自動でお掃除してくれるという猫用自動トイレ。物体感知センサーが猫を認識して作動する最先端の仕組み。固まった排泄物だけをすくって落とすので、猫砂の消費量が少なくてすみます。本体はコンセントにつないでおくだけで自動清掃を開始するので、外出が多いお宅におすすめ。幅60×奥行63×高さ55cm。自動猫トイレ CIRCLE 0／77,000円(税込)／株式会社プルート電子／0120-101-925

4

出入り口が天面にあるタイプのトイレ。まわりから様子が見えないので猫は安心して使うことができます。さらに、砂や排泄物の飛び散りを防げるうえに、水洗いもできるので、いつでも清潔感を保てます。シンプルなデザインで、部屋の片隅に置いても違和感なし。約幅41×奥行41×高さ38cm。ホワイト、オレンジ、ライトグレーの全3色。Modkat Litter Box／15,180円(税込)／モデコジャパン／06-6788-3380

病院への行き帰りや、いざという時に必要なのが、お出かけ用のキャリーバッグや防災用品。専用のものを用意して、ふだんから慣れておくと安心です。

Column 8

キャリーバッグ・防災用品

1

2

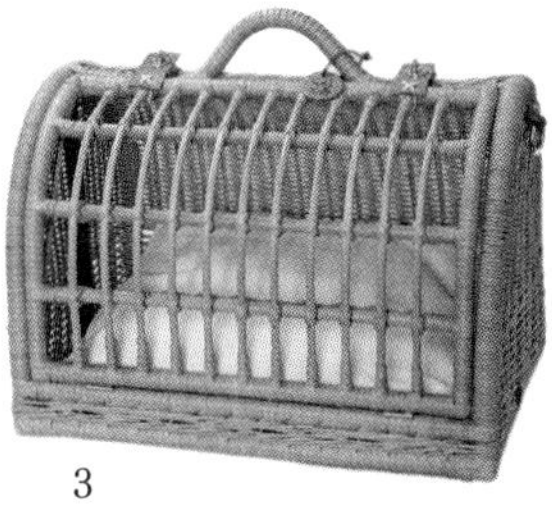

3

4

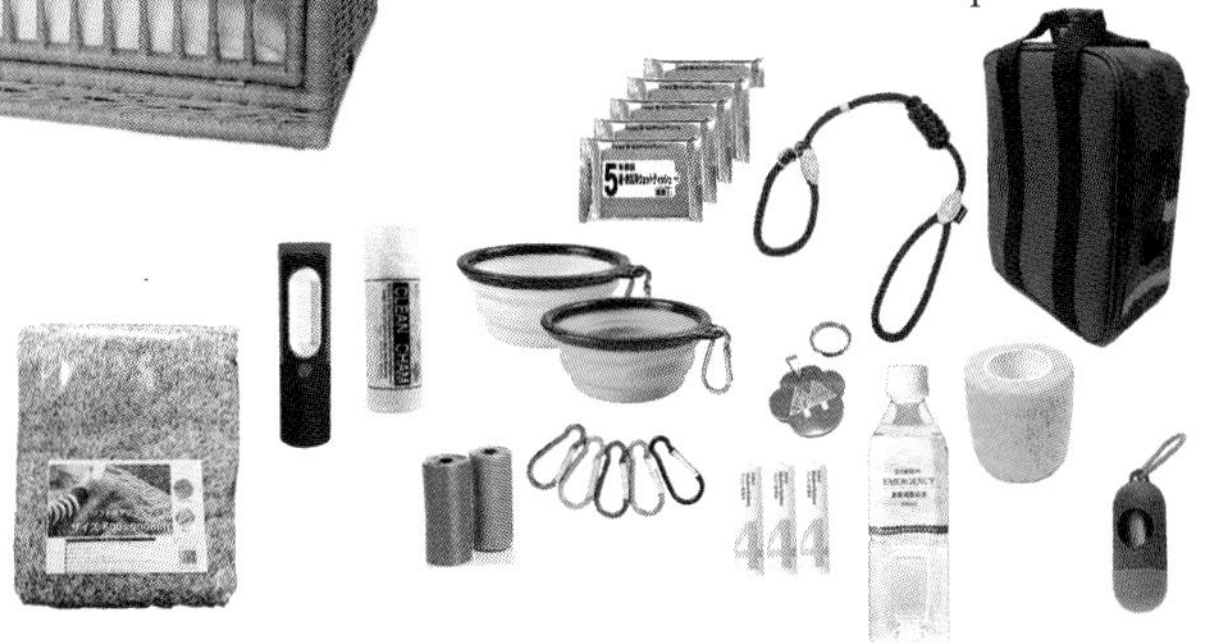

5

1

猫を安心して運ぶことができるよう、高強度のバリスティック・コーデュラナイロン生地を使用した自立式のキャリーバッグ。内側は制菌・抗菌防臭生地で、汚れをサッと拭き取れて衛生的。SS、S、M、L、LLの5サイズあり。ゴールドベージュ、ブラウン、ブラックの全3色（ブラック以外は現品限り）。バルコディキャリー／29,700～39,600円(税込)／free stitch／03-6910-5730

2

側面と上部に開閉口を作ることで猫が自ら入りやすい形状にしたバッグ。ふだんから部屋で使っていれば、病院に行く時にも怖がらずに入ってくれます。鼻スレを考えて柔らかい生地を使ったり、毛が挟まらないようにファスナー保護のミミをつけたりと、細部にもこだわりが。白、グレーの他、ネイビーもあり。ねこずきなトート／30,470円(税込)／nekozuki／019-601-7892

3

そのまま部屋に置いてベッドとしても使用できるキャリーケース。ふだんから入ることに慣れておくと、外出時のストレスを軽減できます。専用カバーや飛び出し防止ベルト、肩掛けベルトもあるので、状況に合わせてカスタマイズ可能。手織りの生地を使用したクッションは手洗いで洗濯もできます。ラタンキャリーマイン／19,800円(税込)／ネコセカイ／048-961-8172

4

厳選した防災アイテムが20点詰まったセット。折りたたみ食器ボウルや首輪一体型リード、マナー袋、ネームタグなどペット用品のほか、ウェットティッシュや非常用保存水、LED小型懐中電灯など、人間にとっても役立つアイテムが入っています。このほかに、簡易的な10点セット、25点、30点セットもあり。MOFFペット防災セット(20点セット)／8,250円(税込)／MOFF／03-6454-4118

5

非常時のために何を揃えたらいいかわからない人には、専門店がおすすめする非常用避難グッズがおすすめ。リュックの表面には飼い猫の情報として写真やメモを入れられるようになっています。中には、猫砂や折りたたみ猫トイレ、ペットシーツやうんち袋、シリコーン食器などがコンパクトにおさまっています。nekozuki 防災セット／9,680円(税込)／nekozuki／019-601-7892

猫のいる暮らし、猫のいる部屋

2021年9月22日　初版第1刷発行

編著　パイ インターナショナル

デザイン　塚田佳奈（ME&MIRACO）
写真　相馬ミナ（p38-40,80-82,124-127除く）
編集・文　晴山香織
取材・文　高橋七重（p38-40, p80-82, p124-127）
企画・編集　及川さえ子

発行人　三芳寛要

発行元　株式会社パイ インターナショナル
〒170-0005　東京都豊島区南大塚2-32-4
TEL 03-3944-3981　FAX 03-5395-4830
sales@pie.co.jp

印刷・製本　株式会社廣済堂

ISBN978-4-7562-5514-3　C0077　Printed in Japan